從0開始的
獲利模式

資深網路行銷人
于為暢————著

MAKE FORTUNE FROM SCRATCH

我的外婆充滿許多人生智慧，

辛苦的把我從小帶大，

本書的數萬字要獻給我最親愛的外婆，

我想，她一定看得懂……

謝謝我的外婆，

願您每天健康快樂！

CONTENTS

自　　序　我有一個夢　　　　　　　　　　　　　　　011

前　　言　職場如賭場，你要賭多久？　　　　　　　019

第 **1** 章

打造自己的網路王國　　　　　027

Output的重要性大於input　　　　　　　　　　028

累積願意捧場的觀眾　　　　　　　　　　　　031

三步驟擁有自己的網站　　　　　　　　　　　032

　　　自己的網址／自己的空間／請人架站

創造專屬的內容　　　　　　　　　　　　　　038

利用行銷五環培養粉絲　　　　　　　　　　　039

　　　內容環／形象環／商品環／團隊環／通路環

第 **2** 章

人氣部落格的成功祕密 *071*

在通俗易懂的領域裡當專家 *073*

把專業寫得平易近人／把專業結合時事／
通俗題材並融入專業

豐富的題材手到擒來 *077*

日記／新聞／人物及故事／歷史／趨勢／
教學／開箱‧商品

多元創作元素為吸睛保證 *084*

數據‧圖表／圖片‧照片／美女／語錄／比較／問答／
見證／整理‧懶人包／漫畫／影片／幽默搞笑

先寫先贏，今天就開始吧！ *097*

CONTENTS

第 **3** 章

培養願意追隨的鐵粉讀者　　099

做好SEO的關鍵　　104

網頁瀏覽量（PageView，簡稱PV）／
不重覆人數（Unique User，簡稱UU）／
網站停留時間（time on site）／被連結次數（backlinks）／
再訪率（re-visit）／社交訊號（social signals）

常用熱搜字懶人包　　111

如何＋（想要的結果）／
想要＋（什麼事情），但不知如何開始？／
受夠了（什麼問題），何不試試（解決方法）／
（幾個）步驟輕鬆（解決什麼問題）／
想要像（大明星）一樣（想要的結果）／
（大家感興趣的事）完整全攻略

讓陌生網友變忠誠讀者　　114

如何取得注意／如何讓讀者對你產生興趣／
如何和讀者製造連結／如何喚起他們的行動

第 4 章

跨界使你有感升級 119

跨界商機和收入願景 122

賣專業的路線／賣廣告／賣文字／
賣商品／賣形象／其他收入

第 5 章

將個人價值做好做滿 167

網路世代的行銷漏斗 168

養大你的能見度／刺激眼球，激發購買欲望

美好的未來讓人有購買欲 173

「心動」成「行動」的轉生術 175

CONTENTS

以BMAT啟動消費者行為 　　　　　　　　　　　　　178

用九倍優勢贏得市占先機 　　　　　　　　　　　　181

　　故事和理念／規格和功效／競品比較和Before & After／
　　使用者見證和得獎證明／新手上路／視覺和設計／
　　作品／距離感／共鳴／知識／附加價值

網站成長的五環節 　　　　　　　　　　　　　　　190

　　會員取得（Acquisition）／產品啟用（Activation）／
　　會員留存（Retention）／營收貢獻（Revenue）／轉介分享（Referral）

兩大「極端」建議 　　　　　　　　　　　　　　　196

　　把整個流程「複雜化」／把整個流程「簡單化」

後　　記　三位一體的十年大計 　　　　　　　　　211

我有一個夢

商業雜誌常會報導一些成功人士，把他們人生的起起落落撰寫得峰迴路轉，充滿了曲折和戲劇性，例如：○○○毅然決然地離開了原本舒適圈，放棄了令人稱羨的百萬年薪，決定放下身段重新出發……。

我跟大家報告一下，以外人來看，我就是這樣子，放棄了百萬年薪重頭開始，但以我自己來看，這一點也不戲劇性。這種人之所以會被報導是因為他成功，而他之所以成功正是因為他勇於嘗試、挑戰自我的個性，所以你去問問那些人，哪裡會有什麼捨不得、什麼舒適圈、什麼曲折離奇，因為這就是我們的個性、我們原本就會走的路，離開舒適圈是因為想持續進步，放棄百萬是因為想挑戰千萬！

我也不是一開始就這麼勇敢，閉眼拋下一切就去創業，而是一再地被很多人事物及環境所啟發。二○○○年我大學畢業回台第一份工作是紡織業務，某天我去拜訪一個客戶，是在多倫多市中心的Lakeshore Boulevard全城

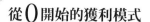

從 0 開始的獲利模式

人人都可成為知名部落客、團購主、youtuber、直播客

最貴的地段。我們在那棟大廈的會議室，面對著海景開始談生意，臨去前我忍不住問他，「為什麼你可以『在家工作』，過如此愜意的生活？」他說因為他買賣布料的經驗豐富，全世界都有客戶和供應商，所以他只要負責採購，工作都用 Email 往來。我當時年紀輕，不太懂他到底如何運作，只知道他「穿拖鞋看海」的工作方式挺不賴的。當年我二十四歲，這是我第一次親眼看到，真的可以有人在家工作，輕鬆自在無拘無束，而且生活得很富裕。

這人促使我埋下了一個夢想，那就是「工作不必進辦公室，但要賺一樣多的錢」，我不確定自己是否能做到，但這想法從一個小種子開始萌芽。瘋狂工作了好幾年，看盡了一些職場甘苦，我知道工作要快樂一定要結合興趣，於是一心一意地投入網路工作。

有一天我去宜蘭玩，發現那裡好山好水，突然想乾脆在宜蘭買一塊地搬來住算了，我媽問我工作怎麼辦？我非常豪氣地說，「只要給我一條網路線，我就能維生！」我對自己的網路自信已經飽滿過甚，但我並不是第一次發下這個豪語，也絕不是唯一一次這樣想過。全世界這麼多聰明人、這麼多網路工作者，難道他們都沒想過這問題嗎？如果有，為何大部分的網路人還是得進辦公室工作呢？我把思緒拉回到現實，隔天我依然準時進了辦公室。

　　又有一天，我在台北市某家咖啡廳談事情，隔壁坐了一個女生正用筆電在工作著，原來她是某家報社的記者在寫稿，必須趕在下午四點前交稿。我問她難道不用進辦公室嗎，她說不用每天，所以她常來這家咖啡店「工作」，當下我好像看到了什麼，心中那顆小種子又長高了一點。

　　後來經由出版社的介紹，我認識了兩位暢銷作家，我問他們平常沒事都在做什麼？寫作的工作可以維生嗎？他們說不一定，要看書的銷售量，因為他們都是暢銷作家，所以出一本書的稿費可以讓他們過好一陣子。嗯，我知道了。

　　我從不吝嗇投資自己的腦袋，花了很多錢在買書、聽講座，我發現成功人士的講座都有一股魅力，有一次我問一位講師每個月要演講幾個小時，他說他一週只講一次，每個月大概工作二十小時左右，接著我問他每月收入如何，他說了一個我沒料到的數字，居然跟我差不多，但我每個月是工作二十天啊！我心中的那顆種子又爆開了一撮火光。

　　二〇〇八年我舉辦「百萬部落客」活動，認識了很多部落客，也看到了他們的才華和個性，我問他們收入從哪來，共同答案是「接案」，我再追問「客源」，他們說是廠商主動找上門，因為人氣高、流量大，反正部落格就是

他們的作品展示區，喜歡的廠商就會找上門。從這個比賽中，我發現了更多「不必進辦公室」的工作方式。隨著接觸更多部落客，了解他們的商機所在，我開始動搖了……，也許我也可以有更好的工作方式？

二○一○年我去日本渡假，由於工作已經日理萬機，連渡假時也得工作，早上睡起來、晚上睡覺前，我讀著公司的 Email 一一回信；我穿條內褲、穿著飯店拖鞋，頭髮也沒梳理，就這樣上班。唯一不同的是，我面對的不是辦公室磚牆，而是橫濱港的大海，這片大海提醒了我十年前曾遇到的那個同樣是面對著大海工作的人，而我現在也像他一樣，遠端操控著事業，一樣在工作維生。我心中的那個火光突然明亮了起來，我開始認真地思考，現在的我，是否夠資格來做這個嘗試？我是否已經具備「隨時隨地辦公」的能力？我是否可以不用再被「環境」綁住？如果我毅然決然地離開現在的舒適圈，我會怎樣？如果我放棄了令人稱羨的百萬年薪，我有能力再起嗎？如果我放下總經理的身段……（神經病，身段能吃嗎？）「公司的總經理」對我而言有何意義嗎？我要當的是我自己「人生的總經理」！

如果我沒結婚、沒小孩、沒房貸，事情就簡單多了，只可惜我全部都有。所以就算心中有多澎湃，現實上我還

是得拿薪水維繫安全感，雖然舒適圈和身段對我來說不具意義，但收入對我來說很重要，那是一個男人對家庭的責任，對一個有著甜蜜負擔的中年男人來說，夢想難道真的只能想想嗎？

網路經濟繼續成長，我發現「A咖部落客」一篇廣告文都平均萬元起跳。那怎樣才是A咖呢？就是日流量超過一萬以上，簡單的說，經營一個網站，然後讓它每天有一萬人來看，你的行情就是稿費一萬，如果你天天更新，每週一篇廣告文，你的收入就有四萬以上，這已經比22K好太多了，只可惜我的機會成本遠大過這個數字，我還是無法斷捨離。

小女慢慢地長大，一天比一天可愛，從爬到走到跑到說話，我發現孩子真的很神奇，神奇之處在於她可以瞬間改變你對工作的看法。有一天早上我正要去上班，她抱著我的腿說：「爸爸，不要byebye。」頓時我腦中浮現了很多人生哲理，像是「孩子的成長你不能缺席」、「家庭大過一切」、「孩子的保存期限只有十年」等。同時間我在評估自己：「重新開始很難嗎？」、「我的賺錢能力還在嗎？」「于為暢你有這麼遜嗎？」我仔細想了想，「對啊，我有這麼遜嗎？」「這些部落客難道比我強嗎？」「沒有啊！所以為什麼他們可以我不可以，沒理由啊！」

從 0 開始的獲利模式
人人都可成為知名部落客、團購主、youtuber、直播客

　　於是，我毅然決然地離開了舒適圈，既然決定了，就開始認真的計畫，一步一步打造個人品牌，實現我的「行動辦公」的夢想。「錢多事少離家近」已不能滿足我，我想追求的是更多，包括「自由、長壽、受尊敬」、「生活還要多采多姿」。我發現只有一種職業符合以上條件，就是成為網路上的影響者（Influencer），包括知名部落客、網紅、Youtuber、直播主等多樣的創作者，你也許沒有看到我所看到的，所以你不信，但不管你信不信，總之我是信了，而且也做了。

　　我把這段歷程寫在這本書裡，包括如何搭上網路這波大浪，用創作累積數位資產，一點一滴的建立起個人品牌，再將品牌的影響力變現。網路是我們這代人最好的機會，因此「大趨勢」是有利我們的，人生不能重來，我堅信個人品牌是我們唯一值得梭哈的工作，值得用一輩子投入。

　　你很少看過一個外商公司總經理會願意放下高薪和身段，從寫部落格開始創立新事業（所以你的機會成本不會比我高），只因我相信部落客是一份「夢幻職業」。

　　我夢想有一天人人都可從部落客起家，不管是記者、作家、SOHO 族、講師、媒體人、行銷專家，那都只是部落客的工作範圍。

　　我夢想有一天，所有部落客都能教導廠商正確的網路行銷知識，幫助更多圈外人進來做網路做生意，讓網路經濟持續成長。

　　我夢想有一天能帶著家人環遊世界，面對著不同的海景工作，每月工作二十小時，靠寫部落格維生。

　　你知道，我知道，我們並不是在做夢，我們是正在打造這個夢，把它形塑成我們想要的樣子。

My dream starts when I wake up.

　　我能做到，相信你也能，而我保證這本書一定可以幫助你，只要你擁有足夠的「專業」和「信念」，按部就班的實踐書中的方法，就能啟動你人生的改變。

職場如賭場，你要賭多久？

MP3滅絕了唱片公司，相關人員被迫轉行；海量的網路資訊免費供應，嚴重打擊出版業，很多人認為已成夕陽產業；智慧型手機內建導航功能，導航通訊產品也沒人買了。這些都只是冰山一角，還有許多趨勢顯而易見，正在快速發生：

鴻海等大廠將引進更多機器人去取代工廠中的人力；Netflix、MLB.tv等網路影音串流讓我們不再借DVD，或取消訂閱有線電視；Google、Uber等無人汽車技術將取代司機；日本發明的「ili」即時翻譯機將取代翻譯人員；虛擬貨幣和行動支付崛起，我們不用再跑銀行，那還需要櫃員嗎？軟體利用大數據和新聞的框架範本，產生的新聞報導連記者都分不清；所有生活必需品或奢侈品，按一按就可直送到府，實體店家前途不明；Apple Siri、Google Home等語音識別的數位助理潛力無可限量；還有一家叫Amazon的公司，不但什麼都有賣，衛生紙沒了馬上送到家門口，還設立了空中倉儲站用無人機送貨，用機器人

從0開始的獲利模式

人人都可成為知名部落客、團購主、youtuber、直播客

處理倉儲和物流，家居助理 Echo 好評不斷，最近還推出 Amazon Go，利用立體投影技術打造無人商店，嘗試取代傳統零售商店員！

如果以上例子對你都不構成威脅，再介紹一個「人」，他的名字叫做「Alpha Go」，他已擊敗全世界的圍棋手，成為天下無敵，如果下棋這種需要動腦的工作，人工智慧都可以辦到，而且比人腦還強，那理論上，還有什麼工作辦不到？

摩爾定律（Moore's Law）告訴我們，科技進步的速度是以倍速成長，成本也會越來越便宜，就像工業到家用電腦的發展史一樣，也許我們現在看待機器人或人工智慧好像「笨笨的」，是因為他們才剛開始，還算是「第一代」「原型」，但一旦他們變聰明1％，未來變聰明的速度就會倍增。

AI人工智慧專家認為在未來幾十年內可以像人類一樣思考，包括改善自己，創造更強大的AI。當人工智慧達到人類智慧的水平，機器人將會取代大部分的工作，而那一天非常有可能發生在我們的有生之年，也就是說，我們現有的工作，包括「動手」或「動腦」的任何工作，都極有可能在未來不存在。

被淘汰出局前，先找好退路

你或許不會去賭場或是不愛賭博，但大多數的上班族其實每天都在賭，就跟身在賭場裡沒有兩樣。

每一個上班族要賭的第一個東西是「產業」，日漸沒落的夕陽產業，還是蓬勃發展的朝陽產業？這關係到你的人生總利益。第二個要賭的是「公司」，就算是在好的產業裡，也有很多爛公司，你的運氣夠好嗎？第三個要賭的是「主管」，他願不願意教你、提拔你，好不好相處？再來是賭「老闆」，他打造的公司文化如何？會不會血汗，會不會大方分紅，有沒有升遷空間等。

我們人生的每一步都在賭，這和你去不去賭場，愛不愛賭博沒有關係，只要活著，就「被迫賭博」，這是人生的預設值，我們無法脫離，既然無法脫離，就得想盡辦法贏，如果我們順其自然、隨波逐流，不學習贏家觀念，不鑽研「賭博必勝密技」，輸的機率就非常大。

十賭九輸的真正原因，在於賭場的規則設計，不管是賠率設定、莊家吃紅、遊戲方法，全部都是不利於玩家的，在一個「機率偏袒於莊家」的場域，你待得越久，按照大數法則，輸的機率就越大，想贏的話，你必須藉由一股運氣，見好就收，然後離開這個場域。

從0開始的獲利模式

人人都可成為知名部落客、團購主、youtuber、直播客

　　回來看看職場，我覺得也差不多。「機率」是不利於員工的，首先，公司法是由政府（最大莊家）制定，而台灣政府保護財團，在這之下，每家企業還會訂定自己的遊戲規則，例如上下班要打卡，以及所謂的「責任制」，玩家不得不遵守遊戲規則，輸掉了時間甚至自尊，但因為缺乏方法或勇氣，只能繼續拗下去，卻忽略在「月薪制」的遊戲規則下，你幾乎沒有「將本翻倍」的賺錢機會，還記得贏家是要「輸了縮，贏了加碼」嗎？但多數的上班族完全相反，他們就是「輸了繼續（時間）」，然後「贏了也不能倍數成長」。所以「職場如賭場」，待得越久，贏面越小，想要當個贏家，你必須先清楚知道「身在職場」只是一個過渡期，因為你不僅是要贏在職場，而是要贏在人生，但若你在職場中按照別人的遊戲規則走，你最後很難會贏得「人生」。

　　《就業的終結》一書曾指出，全球正面臨經濟時期的轉型，從一三〇〇年的農業經濟到一七〇〇年的工業經濟，到一九〇〇年的資訊經濟，再到二〇〇〇年至今的「創業」經濟，因為創業經濟崛起，每個人都應該擁有創業精神，投資及培養自己的創業技能，以便去迎接未來的很多不確定性。

轉變的時機

　　當你興起創業的念頭，你會開始用不同的心態去面對「在職」這件事，你會開始注意老闆的言行舉止，揣摩他的思維方式，你會開始重視累積自己的業界人脈關係，不再參與辦公室政治去勾心鬥角，遠離酸言酸語和愛抱怨的人，茶水間八卦對你來說是浪費時間的雞毛蒜皮，表面上你得維持好關係，依然盡忠職守，但私底下，你會開始累積自己公司以外的實力，包括多面向的投資自己，嘗試跨界兼差，鑽研各種賺錢和理財的方式，等待「那一天」的到來。

　　當你學習到足夠的公司管理知識，也累積了一些業界人脈，和屬於自己的數位資產，就該是時候離開「賭場」了。然後去哪呢？當然是搭上網路浪潮，經營一份自己的網路事業。網路就是這時代的「風口」，任何的生意或才藝，只要結合網路都會事半功倍，產生經濟回饋，無論你目前從事什麼行業，都應該盡快「跨界」進來。

　　網際網路發展至今才二十幾年，若對比人類也還是一個年輕人，我想網際網路若要「成熟」，至少還要一二十年，而這對我們來說已綽綽有餘，絕對值得用餘生投入。但你心中第一個問題一定是：我怎麼知道何時該正式「轉

變」？

　　我以風險低到高來列出三個你應該「轉變」的時機
點：

◆ 當你的兼職收入高於正職收入的時候

　　這是最安全的時間點，適合個性保守的人，你可能每
天只花兩小時在副業上，卻可以帶來超過你正職工作的收
入，只要這個副業能持續，不會突然消失，再瞎的人也知
道要盡快轉換，想像一下若你能每天工作八小時在副業
上，那會創造多麼可觀的收入。延伸的說，縱使兼職收入
還沒超過正職收入，但副業的投報率高出很多，你可以清
楚「感到」若轉過去會超過的話，也應該試試看，「每小
時產值」若能等比例放大，就應該盡早轉。

◆ 當你發現重要數據都在成長的時候

　　一月份兼職收入一萬，二月兩萬，三月四萬，四月八
萬……假設你看到這樣的上升趨勢，那還猶豫什麼，立馬
辭掉工作，將之扶正啊！除了最實際的收入，「成長」也
可以來自網站流量、粉絲數、訂閱數，或是接案數量，
新客戶的數量，辦活動來的人數，書籍銷量等等，雖然
「錢」的部分沒有成長，但「名」或「機會」的部分若有

顯著成長，也應該賭賭看，所有事情都可以化成數字衡量，而數字不說謊，所以這絕對是一個「理性的決定」。

◆ 當你在現職工作崗位上，已經無法忍受再多一天的時候！

我們聽過太多人說工作不是為了「錢」，事實是工作除了有錢，必須伴隨著快樂，痛苦的月領五萬，不如開心的月領三萬，快樂的過日子，人生在世是追求當下的快樂，而不是消磨意志，喪失生命熱情，最後還得憂鬱症。工作若讓你覺得陷入痛苦深淵，那根本不叫跳脫「舒適圈」，而是逃離「地獄圈」。

當年我舉家移居台中，一是為了女兒的成長環境，二是結識了一位程式高手，我搬進他的辦公室，在我倆的「主要工作」之餘，合作開發自己的網站，他的主要工作是寫專案程式，而我的主要工作就是寫部落格，離開外商的前兩年，我週一到週五每天更新部落格，開始累積自己的網站資產，也嘗試強化自己的個人品牌。人說「絕望是靈感的來源」，我認為這第四點：「創業慾望再起」的原因也滿好的，全憑一股衝動，沒多少流量或存款，把自己逼到絕路，才能激發出自身最大潛能。本書將會帶你踏上

從0開始的獲利模式

人人都可成為知名部落客、團購主、youtuber、直播客

個人創業的路上，分散「只領月薪」的風險，把雞蛋分散到不同籃子，從投資自我和嘗試打造個人品牌開始。

不管是開手搖茶、乾洗店，或加盟便利商店，所有的創業都需要先投入一筆成本，努力幾年後損益兩平，然後才真正開始賺錢。網路創業也是一樣，必須先投入一些成本，努力幾年後才開始見效，如果你看過或聽過一些案例，說什麼做網路不用花錢，或一週就開始賺錢的，請不用太認真，也許有，但那些都是萬中選一的極端案例，不是常態。

第 **1** 章

打造自己的
網路王國

時間很公平，每人都只有二十四小時，用法只有兩種：input或output。Input是「進」，是輸入、是閱讀、是學習、是聆聽、是鍛鍊、是充實技能、是吸取經驗、是作夢；而Output是「出」，是產出、是寫作、是教導、是表達、是獲勝、是工作表現、是傳承經驗、是眼睛睜開後著手把它做出來。

創業的重點不在input，而是幾十年的input全部內化之後的output，部落格的流量是靠持續的output撐起來；我們每天都在input這麼多東西，而誰能將input轉化成output，誰就有機會成為贏家。

市場和投資人沒時間等你在那兒慢慢input，簡單來說，input和output之間的過程就是：輸入→過濾→吸收→結合其他資訊→精簡→內化→沉澱及醞釀→選擇表達方式→產出。

Output的重要性大於input

人類尚無法閱讀他人的心智，亦看不穿一個人是否有料，也就是說，我們看不見這個人有多少input，或他的input是否營養或從何而來，我們只能用他的output來評斷這個人能力大小和價值高低。

舉例來說：

不管你多用功（input），你成績單上的分數（output）比較重要；不管你多努力（input）工作，你實際具體的戰功（output）才是你加薪的依據；不管你說你多懂網路行銷、看了多少書，你是否真的曾經靠自己把某商品行銷出去（output）而造成大賣；你看了很多人寫部落格，想自己也來試試看，但發現自己寫出來的東西沒人要看，output的結果很糟，於是你放棄了；你把電源線接上，打開電視，就有好看的節目可看，但你知道電視機的運作原理嗎？你在乎嗎？

以上說明了什麼？就是output的重要性似乎大於input，因為世界是以output來評斷及獎賞你，你必須謹記這個重點，一個人再飽讀詩書、再有學問、再厲害、再有經驗、再會激勵自己燃燒內心小宇宙，若不表現出來，沒有人會知道，也沒有人會在乎。

想當個成功人士，或逐漸改善自己的生活（各方面），祕密就在於多放點時間在output上，把原本花在input上的時間，挪來放在output上，這可分兩階段來做：首先把input的來源和重要性做排序，什麼是重要的input（如閱讀好書），什麼是可捨棄的input（如看電視），請勇敢地、無情地、迅速地割捨那些無營養、不重

要的 input，你會發現突然多出一大把時間。

接著，選擇 output 的方式，我建議從寫作開始，因為寫作是最簡單、CP值、投報率最高的 output 方式，而且隨時隨地都可做，沒經驗也沒關係。

我們要嘗試去駕馭時間，不要讓時間駕馭你，慢慢的，你會發現生活開始變好，為什麼？因為藉由大量的 output，你不但得到更多能見度，引出更多機會，而且因為你要 output，所以你 input 的品質也會跟著變好。簡單的說，你就會變成一個更好的人，而更好的人肯定會得到更好的生活。

別再說自己沒時間，那真的只是自欺欺人，光是把你追劇、滑手機、聊八卦的時間省下來，就足夠讓你寫些成績出來了，結論是分辨並割捨那些沒營養的 input 時間，立馬開始 output，生活絕對會開始變得不一樣。

你可以寫作、畫畫、出門照相、拍影片、作木工、打毛線、捏陶土、作甜點，甚至直播你的金魚游泳，然後把過程和作品記錄下來。你可以有系統、有組織的寫在部落格上（最佳選擇），或是隨手寫在 FB 上，然後你會發現一個驚人的事實，竟然真的有人看！對，連直播金魚游泳也有人看。

累積願意捧場的觀眾

上班族創業的第一個準備功夫，就是開始累積你的觀眾人數，建構一個「根基」（base），問自己可以生產什麼大家會想看的內容，但也不用考慮太多，先養成「生產習慣」更重要，而「寫作」就是最入門的產出，特別是寫部落格。無論國內外，很多成功者都會告訴你，他們的事業和成就都是從一個「部落格」開始。我也一直認為「寫部落格」就是精實創業的第一步，只要是創業家，想為自己工作，就一定要寫部落格。

你的創作「有人看」只是基本起步，下一步我們要追求「更多人看」，因此我們要開始認真地對待此事，包括如何提高內容的品質和數量，要寫些什麼、怎麼寫，才能讓更多人來看，以網路術語來說，那就是「流量」或「瀏覽人數」。

內容行銷專家Joe Pulizzi便提出所有的內容行銷都必須先「打底」（base），包括選擇一種內容類型，一個主要平台，固定產出然後放眼長期。

（1）**Content Type**
　　一種「內容類型」
　　　　＋
（1）**Main Platform**
　　一種「主要平台」
　　　　＋　　　　　　　　　= **THE BASE**
Consistent Delivery　　　「打底」
固定產出
　　　　＋
Long Period of Time

（引用自：Joe Pulizzi, 2016）

三步驟擁有自己的網站

　　然而想要利用網路創業的第一步去發展自己的王國，要先從擁有一塊地權開始，第一個要做的是「自己的網站」。自己的網站包括三部分：自己的網址、自己的空間和自己的內容。

自己的網址

　　全球最大網域商是GoDaddy，並有中文介面，直接

線上購買就好，第一年網域最便宜，只要約一百元台幣，第二年起恢復原價，約台幣五百元，所以五年的網址費用約 $100 + (500 \times 4) = \$2,100$。

　　網址是一年一約，一次買多年不會比較便宜，我最高紀錄擁有四十個網域，都是一年一年付的，到期前他們會通知，別忘記續約就好。買網址有幾個原則，請盡可能滿足：

◆ 用「.com」網址，這越來越稀有，所以最值錢，卻也最便宜，買網址可能是一輩子的事，每年省一百元，四十年就省四千元。兩個網址就省八千，以此類推。對極少數人來說，買「.com」網址可以是種投資，我有一個「.com」網址被出價一百萬台幣我都沒賣，因為養一年才五百元台幣，我一點也不急。

◆ 網址要好記、好拼寫，所以越短越好，但五個字母以下已經找不到了，可以嘗試數字和英文字的組合。不要用特殊字元如「-」，除了不好記、口頭傳播不易，也不利於SEO（Search Engine Optimization，搜尋引擎最佳化）。

◆ 網址最好和中文品牌相關，但由於英文短單字幾乎沒了，你就必須想出最簡單的英數組合。若你是完美主

義者，你可先確定買得到英文網址，再去發想中文品牌，例如你是寫旅遊的，網址就用「gate318.com」（318登機門），或是寫美食的就「318pie.com」（318派），總之將你的生日或喜歡數字配上短英文試試。

◆ 「.tw」或「.com.tw」可能會被中國封鎖，若你不介意，可用網址會大大增加。

自己的空間

網址只是「住址」或「門牌」，有了網址以後，我們還要有自己的「地」，也就是自己的空間，有些部落客平台服務像Google Blogger或痞客邦，可蓋上自己的網址，但這只是一個「轉址」的概念，「地」還是他們的，不是你的，因為地權不是你的，上面的財產（流量）當然也不屬於你的，你還是等同租借一塊地，然後把你的門牌掛上去而已，要從事真正的網路事業，你必須擁有自己的「地權」。

我目前最推薦的主機商是「糖果主機」，全中文介面的美國主機商，以價格、速度、機房位置、客服方式、客服速度都完勝其他主機商。我自己的網站也用這家，購買流程為「首頁→虛擬主機→普通主機→Shared Pro→新北

機房」，平均每年一千八百四十元（年付方案），五年下
來總金額也才九千兩百元。

請人架站

網址很便宜，主機也沒很貴，要擁有「自己的網站」，我覺得第二貴的部分是請人架站。全球最多人用的內容網站是用 Wordpress 架設，但由於 Wordpress 牽扯到一些技術，如 HTML、CSS、PHP 等，對於不懂技術或沒時間研究的人來說，花錢請專家做是比較好的選擇。

台灣架 Wordpress 的行情落在兩萬到十萬間，服務包括幫你架站、教你使用後台、增添外掛程式，若你已有內容寫在其他部落格平台，也可以幫你搬家，再教你一些基本的網路行銷概念，包括 SEO。依業者不同，每年有可能酌收維護費數千元。

我若以五年的時間計算一下「創站成本」，要投資的金錢成本如下：

台幣三萬元架設 Wordpress，加上每年兩千元的維護費，五年下來的平均花費如下表。

網址費用：2,100 元

空間費用（五年）：9,200元

架站總費用（包含架站和維護）：38,000元

五年 Total：48,800元

平均每年費用：9,760元

也就是說，建置網站擁有自有地權，每年成本不到一萬台幣，如此低的創業風險很多人都可以承擔。一年內，只要因網站存在而產生的收入大於一萬，你的投資就回本了。

部落格平台和自架平台的差異

「使用平台」或「自架站」一直都是很難的取捨問題，但對於真正帶有創業家精神的人來說，其實不算太難的選擇，要做就做大，不然不要做；看長期，不看短期。

我們回頭看看電子商務業者，一開始多數商家在平台上開店，但隨著商品、客戶、品牌忠誠度的增加，後來不是一個個跳出平台，自營官網了嗎？為什麼他們會有這樣的轉變，正是因為提升利潤、

加強客戶維繫、以及創意不受到限制，其他類型網站也是一樣的道理，「網站」是你最重要的「生財工具」，理應要投入最多資源，持續優化保持最佳狀態。

部落格平台和自架站比較表

部落格平台 （痞客邦／Blogger）	自架站 （Wordpress／量身打造）
• 美食街某攤位的概念 • 免費、成本低 • 快速開始 • 廣告收入低 • 固定模版、不可增添功能 • 有機會上首頁、聚集人潮較容易 • 沒有真正的「網站自主權」 • 平台有關閉或政策改變的風險	• 街邊獨立店面的概念 • 需付費、成本較高 • 架站需要時間 • 廣告收入高 • 量身訂做，或有外掛可增加額外功能 • 初期流量不高，須慢慢經營 • 自有的「網路事業」發展基地 • 長久穩健，不需看人臉色

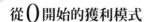
創造專屬的內容

　　請人架站是第二貴，那什麼是第一貴的成本呢？當然是創造自己的內容，這一項的成本遠遠超過前兩項的千百倍！因為錢可解決的事都好辦，產生自己的內容才是最難的，除非你有錢可以請編輯，否則一開始，網站上的所有內容都要親自花時間寫，而這些時間的機會成本才是最昂貴的。因此，你必須不斷的在網路創作，每篇文章都是屬於你的數位資產，「網路創業」簡化成一句話就是「累積數位資產」，這些資產在你的地權上，隨著時間會漸漸增加流量，深化 SEO，你的資產就會開始發酵。

　　你也許會問，自己的網站是否一定要有「自己原創」的內容，就像很多新聞網站、內容農場、部落格的內容也非站長原創，他們到處收集好文章、放到自己的網站，一天可更新一百次，用量取勝，也有很多成功案例。不過，縱使新聞媒體或內容農場有再多的流量，也無法讓人感到任何「靈魂」。我們要做個人品牌，重點是有自己的個性、立場、意見、理念等，這些獨一無二的個人原創會組合成我們創作的靈魂，沒有靈魂則沒有品牌；要「有人性」，才不會被機器人取代。所以「原創內容」非常重要，沒有它，我們不會有鐵粉，沒有鐵粉就沒有後續的商

機，所以用心認真地創作吧！苦幹實幹一番對你個人成長也好，而且說句實話，投機取巧的方式也不一定會成功，Google和Facebook隨時會懲罰內容農場，而且社會評價較差，品牌價值也無法累積，並不是聰明的做法。

利用行銷五環培養粉絲

有了自己的網站，充實了自己的知識，接下來的投資就是「打造個人品牌」，也就是你的網站名稱和大頭照。網站（部落格）名稱就是你的品牌，是極端重要的一個決定，無論是個人、商品或企業，請遵守以下四個原則：

◆ 一看就會唸
◆ 一聽就記得
◆ 一眼就好奇
◆ 一個品牌的規劃

用自己的真實姓名也很好，更容易使人信任。大頭照就看你想營造怎樣的形象，但選用一張最好看的絕不會錯。心理學有「月暈效應」（halo effect），第一眼印象喜歡你，而後就會以偏概全的朝向正面發展，人帥就是積

極，人美說什麼都很有道理，彷彿被聖光籠罩，而這一切都可能是因為第一印象，包括你的網站名稱和照片，好的開始是成功的一半。

什麼是「品牌的最高殿堂」？我想是每四年一次的奧運吧！要做品牌就要找高標參考，於是我自創了一個「行銷五環」來幫助發展個人品牌，行銷五環扣得越緊密，個人品牌就會成長得越快。

「行銷五環」分別是內容環、形象環、商品環、團隊環和通路環。我用「環」這個字的用意是讓我們把核心重點放中間，環繞著這個核心，每個環都有很多部分要注意。

▌行銷五環

內容環

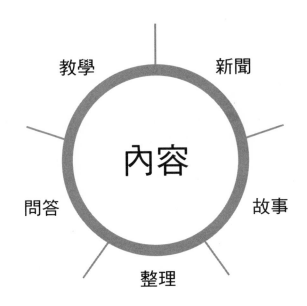

　　內容環是最基本也是最重要的。第二章的「7×11創作框架」就是環繞在內容環周邊的元素，只要參考並維持動能不斷產出，就能鞏固你的內容部分。

形象環

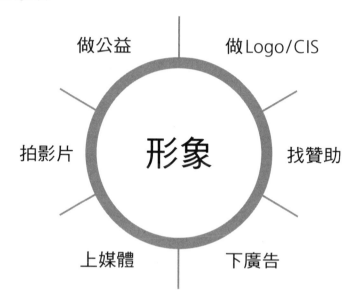

◆ 做 logo／CIS

　　只靠寫文章太慢了，我們必須把戰線拉廣。如果你注意到企業品牌，他們都一定會有個代表性的 logo，再大一點的企業會有一致性的 CIS，但你看目前的部落客們，很少比例是有 logo 的，你只要有個 logo 就會加分了，趕快做個 logo 吧！美國有個網站叫「fiverr」，做個專業的 logo 只要美金五元，作品又快又好，還可以修改一次。我旗下的所有網站 logo 都是用 fiverr 做的，唯一缺點是要用英

文溝通，若你英文不好，或找不到人幫忙，也可以試試淘寶，價錢不會貴多少。形象環的第一件事，趕快為自己做個logo吧！

◆ 找贊助

我們是素人，需要提升形象，一個快速做法是利用大品牌來烘托，借力使力。我曾經幫HTC手機寫過廣告文，某一方面來說，我也算是他們的網路背書者，再誇張點是代言人，而他們的品牌代言人曾有王力宏、五月天和鋼鐵人，但我是誰啊，何其有幸能幫HTC廣告，所以沾了HTC的光，我的形象在網友面前也提升了一些，離王力宏更近了點。形象環的第二件事，就是積極尋找幫大品牌廣告的機會，是誰說寫「葉佩雯」不好的，會傷害形象的，根本完全相反！

◆ 下廣告

當你的事業發展到某個階段，就會面臨到投放廣告的需求，買廣告是一種加速器，讓你快速地獲取大量曝光。買廣告同時也能增加信任度，就連直銷業都可以。廣告還有一種恫嚇效果，當你的競爭者看到你鋪天蓋地的廣告，心想你一定賺很多錢，自己感覺氣勢就弱了，總之買廣告

從 0 開始的獲利模式

人人都可成為知名部落客、團購主、youtuber、直播客

提升自己形象一定會發生，在那之前請先準備好錢。

◆ 上媒體

電視裡的都是專家，所以被採訪、上節目、當名嘴當然對形象大大加分，但我一個素人誰要邀我上電視啊？沒錯，沒人。但你可把上電視當成是你的目標，從其他門檻較低的媒體開始，雜誌、報紙、實體刊物、廣播、網路媒體，把你曾經上過的媒體截圖下來，放在你網站上的某一處供人參考，然後繼續埋頭苦寫，寫出「專家」身分為止。若有幸能出版一本書，上媒體的機率大增，記得要收集整理，裝飾出你形象的展示牆。不然還有一個辦法，結交些記者朋友試試。

◆ 拍影片

一部好的影片功能太多了，可以用來教學、銷售、募資，同時提升形象，影片的重點在於「好看」加「質感」，所以門檻比較高，成本比較高，會自動過濾出認真與否的品牌。當我看到好的影片，不管是否為我喜愛的品牌，但我知道他們是玩真的，所以信任和形象會加分。有沒有那種拍得很好，但對品牌形象扣分的呢？也有，但比較少，電視廣告比較多。

◆ **做公益**

　　有什麼比做公益更能讓形象加分的呢？有，做更多的公益。有人捐五百，有人捐五億，誰形象比較好，當然是後者，先不管是捐到公正第三方，還是自家的基金會，台灣社會普遍認為「做公益」就是好棒棒，不管企業或個人，只要曬出捐款收據，網民就一片讚嘆，要提升形象，就要常常曬單喔！

商品環

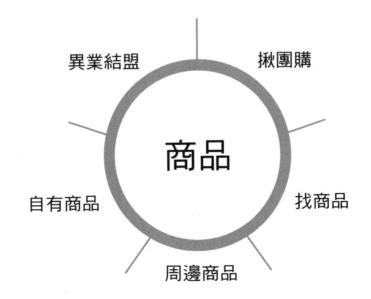

從 0 開始的獲利模式

人人都可成為知名部落客、團購主、youtuber、直播客

◆ 揪團購

在網路上賣東西有分「幫別人賣」和「幫自己賣」，我們先說前者。同樣的商品，誰不想便宜買，最好是打折打到「骨折」，骨折太模糊，打到五折吧！曾經風靡全球的團購網站，就是以五折、半價的噱頭建立起品牌，當你在網路上擁有觀眾群，你就等同擁有了銷售通路，找個適合的時間和商品登高一呼來當召集人，又名「團購主」，宣布商品資料和價錢後，就等待瀑布流的「＋1」。

▌ 兩種團購方式優缺點──基本比較

轉單	經銷
• 廠商收錢	• 團購主收錢 👍
• 廠商包裝 👍	• 團購主包裝
• 廠商寄送 👍	• 團購主寄送
• 無須囤貨 👍	• 需要囤貨
• 無須開發票給消費者 👍	• 要開發票給消費者
• 廠商提供客服 👍	• 團購主有可能提供客服
• 有客戶名單	• 不一定
• 利潤低	• 利潤高 👍

身為「團購主」你必須花較多的時間處理大家的訂單，所以一定要賺錢的啊！熱心服務撐不了幾檔，也無法把這工作做到極致。

網路上揪團購有兩種，多數是指「轉單」，金物流都是由廠商處理，然後依分潤比例拆給你，也許銷售不是那麼透明，但你也只能相信廠商，如果他們願意長期配合，應該也不會坑你太多。

另外一種團購是「經銷商」，部落客或團購主必須先付錢買斷，收錢、包裝、出貨，有些甚至還要處理客服（因為消費者是付錢給你），這種經銷商模式對團購主來說工作比較繁雜，但利潤空間比較大。

簡單的說，當經銷商要做的事又雜又多，會占用你很多時間，雖然可賺更多的錢，需要仔細的評估。初期我不建議大家當經銷商，因為那會將你的重心偏移到電商端，除非你未來有計畫往那走（一條不歸路），否則我覺得當個主揪者，丟個銷售連結出來，讓大家自行填單，其他雜務讓廠商去煩惱，輕鬆又有錢賺，若是鐵粉眾多，光是這樣就可賺不少了。

「團購」這兩個字本身就是行銷話術，如果你有自己的東西要賣，例如自製蛋糕、手工香皂、後院種的大蒜之類的，你大可說是團購價，大家就會覺得是最低價了，你

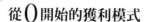

還是可以維持團購主的身分,幫大家「服務」,用Google表單收單,用 ATM 和網路銀行查帳,偽裝成你背後有廠商,找你當團購主,而你「幫大家爭取到一個很殺的優惠」,一樣可以以團購之名,行「幫自己賣」之實。

◆ 找商品

賣東西比到最後,就是比誰的商品強勢,找到好商品是第一要務,但如果你是供應商,你當然會想賣出最多,所以找多個經銷商會比一個經銷商好,除非獨家經銷商可以保證一個量,但還是有例外,誰先找到這樣的供應商,誰就占優勢,於是找商品變成了全世界的戰爭,從五分埔到義烏,從「廣交會」、「東京禮品展」、「法蘭克福國際消費品展覽會」,無一不是想把好商品代理進來的商家,只因為想要「賣別人沒有的」。

身為素人,我們只要掌握住「賣別人沒有的」這個原則,就可以事倍功半的找商品。很多新廠商研發出商品,尚未鋪到各大通路前,也是你的機會,你可說服他們合作看看,畢竟就算賣不好,雙方都沒什麼損失。當然,「賣別人沒有的」最好的還是「周邊商品」和「自有商品」。

◆ 周邊商品

你已經有自己的logo，也有一批忠誠的粉絲，現在你可以把自己的品牌跟商品結合起來，然後贈送或販賣給你的粉絲。最便宜的周邊商品是印刷品，很多旅遊部落客會將他們旅行中美美的照片印成明信片，找機會送給他們的讀者，漫畫部落客會製作桌曆，筆、杯墊、T-Shirt、馬克杯、筆記本、隨身碟、紅包袋等，只要走一趟印刷廠，就會有很多展示品參考，把你的logo印上去，這商品就被「加值」了，你就製造出「別處買不到」的商品，至於有沒有人買，如何讓它變得「更有價值」，那又是另外的故事了。

◆ 自有商品

自有商品除了上述的周邊商品，還包括你的自創品牌，兩者有何不同呢？周邊商品是利用你的個人品牌去加持，而自創品牌則是另外創一個公司品牌，和你個人品牌的關係不大。

很多創業家本人很低調，但公司品牌卻必須高調（品牌和低調是互斥的），但其實這品牌越紅，創辦人越難保持低調（少數例外）。

一般而言，創辦人上媒體說說話，分享一些心路歷程，對企業品牌是好事，所以到頭來，個人品牌和企業品

牌還是有很大關聯的，所以先建立起個人品牌，不管未來你想怎麼走都是有幫助的，至少可以省下一些行銷費用。

自創品牌需要找工廠研發、設計師及工程師等專業配合，涉及內容超出本書範疇，就不在此多述。

「數位資產」實體化

從古至今，「賣東西」這項行為絕對不僅是銀貨兩訖的單純交易，買賣雙方之間的情感和關係常被人忽略，你會主動給我錢，表示你信任我，光是「信任」兩字就值千金！所以要跟網友建立信任，賣東西給他們就是一條捷徑，想想有時信任用錢都買不到，現在反而還可以賺錢，所以「賣東西」是個人品牌很重要的一環，不是可有可無，是必須賣，因為你需要得到網友的信任。

再來，你知道為什麼有些商人會做賠本生意嗎？因為雖然這一次賠本，下一次就連本帶利地賺回來！

所謂的「客戶終身價值」（Customer Lifetime

Value，以下簡稱CLV）是「以小搏大，先把你釣進來，再養肥殺來吃」的概念，為什麼可以這樣？因為他們有你的客戶資料，而這才是最值錢的！

做生意看長不看短，有一就有二，「跟我買過」比「第一次賺多少」來得重要。反過來看，我們賣東西第一是為了取得信任，第二是要累積「跟我們買過東西的人」，而這是為了第三，當我們販賣自有商品（最高利潤）的時候，才會有夠多的客戶來買。

大賣場就是很好的例子，他們先賣別家品牌的商品，越知名越好，並且保證最低價，利用知名品牌的哄抬累積大賣場的消費會員，當會員數累積到一定程度，並且養成「來這兒買」的習慣，以及「最低價」的印象，大賣場再上架自家品牌的商品獲取較高的利潤。這種做生意的方法，網路上的影響者（influencer）當然也適用。

舉個極端的例子，假設你有機會可以賣iphone 8，你賣比外面便宜五十元，最後賣出一萬隻，你虧了五十萬，但你現在已經擁有「一萬名買得起

iphone 8的客戶名單」，你覺得這值多少錢？然後你去研發一款自有品牌的手機殼，每個利潤抓五百元，你只要賣出一千個就回本了，而且更好的是，你永遠都有這一萬人的名單，而他們因為跟你買過iphone，他們有機會再跟你買其他東西，這就是CLV的威力，大企業、大品牌和大平台最重視的KPI。

我們每天寫部落格都在累積數位資產，但這些資產何時能變現？想要變現很簡單，把這些文章集結成冊，印成書本去賣就可以了，因為人們會買書，不會買網路文章。

同樣的，你可以請配音員唸出你的內容，變成有聲書來賣，或是更費工的製作DVD，包裝成實體商品來賣；或是你的風景照可以印成桌曆來賣；你的影片可以變成教學課程……，如果夠紅，我們的肖像甚至可能可以授權出去。我想請你動腦的是，如何將這些屬於我們的「數位資產」轉換成人們會買的「商品」？這兩者的交集處在哪裡，就可以往哪裡努力。

◆ **異業結盟**

當我第一次聽到《千里之外》這首歌，我真的驚呆了，周杰倫怎麼會找費玉清合作呢？後來我想通了，因為他們可以「交換粉絲」，超完美的異業結盟。不是每種異業結盟都是為了賣東西，但為了賣東西，商人一定會想到異業結盟，當銷售需要突破，賣給主要族群之外的人，異業結盟是最有效、也最省錢的做法──互洗會員，快速擴大知名度，強強聯手的話，更是曝光度炸裂；原本接觸不到的消費者，透過合作夥伴一次給你。我們看到很多漫畫家的卡通肖像跟零食飲料的包裝結合，或是網紅找來另一位網紅直播節目，快想想看你可以找誰互補，達成一加一大於二的雙贏關係。

◆ **「賣東西」的累積**

請問大家一個問題：「小明用一百元跟小華買了一罐糖，再把這些糖用一百元賣給了大年，請問小明賺了哪三樣東西？」

答案是：

◆ 大年的信任。

◆ 大年的客戶資料。

◆ 一個空罐子。

　　第三個「罐子」的答案也不是笑話，假設小明買了一百罐糖，就賺了一百個罐子，每個罐子賣十元，就額外賺了一千元。在買進與賣出的過程中，總會賺到一些「額外的價值」。罐子只是一個比喻，正解是「現金流帶來的效益」。當手上有充沛的現金，不但有利息的收入，還可用來擴大營運，加速賺錢的速度。月入22K和月入220K的差別在於後者可以用錢來雇員工、開發新品，進貨來賣（經銷商模式）等，誰手上有現金，誰講話就大聲，如果可以選擇，「先收錢，再付出」對公司營運會比較好。

團隊環

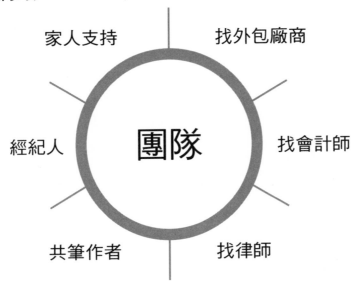

◆ 找外包廠商

製作logo以外，你應該還有其他的需求，除了fiverr.
com這個好用的網站外，像是upwork、PeoplePerHour也
很好用，中文網站則有豬八戒和淘寶，當然還有你「身邊
的人」，只要在FB上PO個需求，就有臉友會幫忙介紹。
在創業經濟的時代，你必須懂得善用外包網站，篩選出能
固定配合的幾位，然後把他們當作是你的工作夥伴，遠端
管理他們。

◆ 找會計師

我實際算過，當你的部落格收入達新台幣一百萬時，就應該請會計師來幫你節稅，這是一項每月固定的金錢支出，每個月平均約兩千元，記帳士比會計師便宜一點，加上其他雜費，一年大約是兩、三萬的成本，請相信我，這是必要的花費，一個好的會計師可以幫你省下很多時間和金錢。

◆ 找律師

部落格寫久了，圍觀的鄉民多了，總有一天會遇上鳥事，這時你就會知道律師的功能，建議大家可找一位律師合作，擔任公司或網站的法律顧問；沒事最好，有事就有專家可以諮詢。

企業法律顧問的行情是三到五萬，今年用多少就扣多少，來年再補到五萬，像是儲值五萬的額度放在那，都沒用到就免繳錢。知名部落客可嘗試異業結盟，用廣告交換的方式合作，當律師同意擔任，你可以把「本網站是由○○法律事務所擔任法律顧問」這句話放在網站首頁，應該可以嚇阻一些無聊人士來亂，也讓你的個人品牌增添幾

分「保障感」。

◆ 共筆作者

個人創業的初期一定是校長兼撞鐘，但隨著知名度或現金流的增加，你可開始培養一些共筆作者，也許是給名氣，也許是給現金，都能讓你的網站內容持續更新，你自己也落得輕鬆。很多內容網站的擁有者，也會正式成立公司聘請編輯來生產內容，包括一些新媒體的做法，如果背後有資金可燒幾年最好，如果付不起薪水就要先講好只是幫他們打知名度，是無酬的互惠合作。

美國曾經有個部落格叫Huffington Post，高價賣給了美國線上（AOL），但共筆作者都沒分到紅，引起網路上一片撻伐，所以找共筆合作時要說清楚講明白，才不會反而傷害自己的品牌。

遊戲規則訂好後，私下邀請或公開徵才都行。如果你被邀請，有稿費當然會考慮，但有必要無酬供稿嗎？不一定，要看你的名氣和個性而定，你可視為一種「異業結盟」來互洗讀者，或是一個大舞台讓自己快速崛起，之後再另起爐灶。

◆ 經紀人

經紀人這個角色是「個人」和「廠商」之間的協商者，但他不能算是「中間人」，應該是「自己人」。找到一個好的經紀人對於不具商業頭腦的創作者來說簡直是「魚遇到水」的重要，找到他才能活下來，繼續做你想做的事。

好的經紀人具備幾個特質，第一，他非常愛、也非常懂賺錢；第二，他熟悉生態，並擁有良好的人脈；第三，他理應是專家形象，極具說服力，善於談判，提的案客戶才會買單；第四，他應該非常了解你，才知道如何將你的能力變現。

無需跟經紀人簽獨家約，除非他能保證你滿意的收入。「如何找到經紀人？」這是個錯誤的問題，正確的問題應該是：「如何將我自己變成一個好賣的商品」。

◆ 家人支持

上述的團隊成員都屬於外部管理，內部的成員也必須能有效管理（盡量）。當個自由工作者，家人的支持異常關鍵，很多部落客說他爸媽不支持，因為他們不明白「為何在家寫寫東西就能賺錢」（沒錯啊，他們若明白才奇怪），但只要他們看到你的一些成績，例如上了媒體、出了書、受邀演講，或最有說服力的，給他們的錢比以前

還多，他們就算還是不明白，也會默默收下你的錢、接受它。

　　結婚之後，另一半應該要是你的助力，幫你拍照寫文扛燈架，甚至成立自己的網站賺雙倍，小孩呢？是助力還是阻力，我不知道別人，但每當我在用電腦上班時，我女兒就會跑來坐我腿上，說她想看電腦的影片，於是我停下手邊工作，聽她的要求一起看影片，無疑是我工作團隊中最難管理的一員，那……就……隨她吧！

通路環

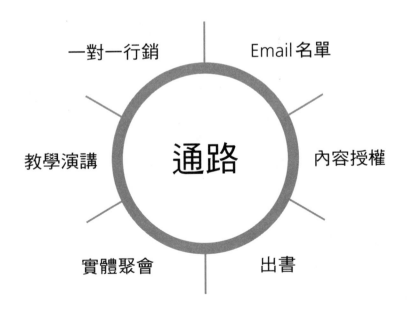

從 0 開始的獲利模式

人人都可成為知名部落客、團購主、youtuber、直播客

「內容為王，通路為后」，重要性僅次於內容就是通路，作品再棒，沒有曝光管道也沒用，以下是我認為個人品牌可以開闢的通路。

◆ 建立Email名單

你好不容易打造出一個日流一萬的網站，每天人來人往好不熱鬧，但你知道他們是誰嗎？你能聯繫到他們嗎？多數的內容網站或部落格沒有會員機制，就算有，也缺少「加入誘因」，訪客來了又走，只想免費取得他們要的資訊，如此你僅能嘗試用流量變現，這實在太可惜了。

我覺得所有的網站都需要會員機制，走過路過不要錯過，設法留下他們的資料，建立起自己的會員名單，才是網路營運的長久之計。

要他們留下資料，你要想一個加入的誘因，如果是電商網站，可以順理成章的要資料（賣東西的另一好處），如果是內容網站，製作一份免費電子書，題材是他們會感興趣的，例如你是旅遊網站，留下Email就送「日本必吃百大美食攻略」；親子的就送「寶寶不說，但爸媽要知道的育兒經」；網路行銷的就送「全方位網路行銷指南：提升流量的100個密技」，這份電子書一定要是「乾貨」，外面搜不到的，讓他感覺非常的有價值，「想要？」請輸入

你的 Email。」

有國外的書籍說，Email 名單數是最重要的指標，如果我們只累積一樣東西，那就是你的會員名單。

當有了 Email 名單，你還要懂得經營，不然他們可能也是「拿了東西」就走，多數人是擷取網站內容，用電子報導流量回來，順序是「先網頁版，再電子報」，但我建議順序顛倒會比較好。同樣的內容讓電子報訂閱者先看到，然後再決定要不要放在部落格上，這樣他們訂閱電子報才有意義。

如果可以，把部落格內容和電子報內容分開，兩邊是不一樣的內容，但「電子報優先」的原則不變，我自己發行的《暢通電報》就是這樣，部落格內容偏向易被搜尋的吃喝玩樂軟性文章，電子報內容偏向可增加競爭力的專業文章。

一直以來，我的網路經營最高原則就是「會員維繫」（member retention），你的會員就是你的通路，而 Email 這項工具雖然過時，但依然有效，而且將永久有效，你不得不做。

◆ 內容授權

如果你寫親子相關，最有代表性的「讀者群」應該會

是《親子天下》，如果你的文章被刊到上面，會讓你的名氣大增，至少在親子界，有個知名的第三方背書。

主動出擊叫「投稿」，被動受邀叫「內容授權」，這兩個是一樣的事情，但我建議只考慮後者，與其到處主動投稿，不如用心寫出好文讓人家來找你，因為「一文多貼」有好有壞。好處當然是闢條新通路，讓更多人認識你，壞處是會影響自己的網站流量，網友在別處看完就不會再來了。

很多網站都需要內容，當你收到來信邀稿，希望你能授權某篇文章，請你謹記以下五個原則：

1. 不可改標題

標題是外表，內文是內在，當你的外表被換掉，你還是你嗎？我理解邀稿媒體為何要換標題，說是可以美化標題，但實際上是為了 SEO。一旦他們改了標題，就某方面來說，這篇文章就是他們的了。

對網友來說，他們只會看文章，多數不會去看作者是誰，還去搜尋你、就此追蹤你，所以你的文章被轉載到大媒體上，好處沒有預期的大。

當然你可以反利用他們，說你是知名○○媒體的特約作者，履歷表上好看一點，但我始終認為，這比較適用入

門者，因為寫到最後，你的影響力成型，你自己就是媒體了。

2. 流量是否比你高

很多邀稿來信會說：「授權文章給我，可以幫你帶來流量，共創雙贏」，真的嗎？你去看看對方的網站流量，從SimilarWeb就可以查，一查之下，多數都是剛成立的小網站，自己不想寫，只想到處轉載別人的文章，衝自己的流量。如果他的網站流量沒有你自己的高，他要如何導流量給你？他只是想偷機取巧。就算他真的流量比你高，SEO比你好，那你授權文章給他，網友搜尋會先出現他的網站，然後就在那裡看完了，為何還會來你這兒再看一次？所以一文多貼是自打嘴巴，把自己的文章送給別人賺錢，像一個散財童子把資產亂丟出去。

3. 接觸到全新族群

如果邀稿對象是你八竿子打不著的族群，他們的讀者是你非常難以接觸到的（或是很久以後才接觸得到），那可以考慮授權，這比較像是「異業結盟」的用意。

4. 要註明作者名

　　授權不就是要賺名氣，千萬不要白白給別人文章，還忘記放上原作者的名字，你應該要求放大、放清楚、放在最上面，不要放在下面難以察覺的地方。

　　如果你發現某網站沒經過你授權，就轉載你的文章，而且還沒有放上你的名字，那就等同盜文了（話說你請律師了嗎？）

5. 要有連回連結

　　除了作者名要放，回你網站（或該篇文章）的連結也要放，這是最基本的要求，至少能多一個網站連到你網站，在SEO上加一分。

◆ 出書

　　我一直把出書當成是通路的概念，賺錢是其次（因為賺不了多少），經由出版社的幫忙，可以將你的內容鋪到全台的實體書店，等於是線上走到線下，這條通路是你自己開墾不出來的，只能藉由出書達成。

　　會走進書店的人，都是會買書的人，想像你的書封放在書架上，就算他們沒買，至少你的Impression（曝光）也加分，這樣一天下來，書店的「流量」和「曝光」也不少。出書對於個人品牌來說是很重要的一件事，我們在下

章會有詳盡說明。

◆ 實體聚會

人人都知道「社群」很重要，它就是你最大的通路，若把社群比喻成房子，主題是它的屋頂，會員就是一磚一瓦，那撐起整間房子的支柱呢？我認為是「舉辦實體活動」。

正所謂見面三分情，談社群就要講感情。人說網路緣都是非常淺的，所以若要玩得深，「見面」是一定要的，從美食旅遊、到財經股票、到自律神經失調，各種主題都可以辦網聚，人跟人接觸是最強的行銷，因為真正的社群是情感的羈絆，而那必須面對面才有可能發生。

簡單的說，「沒有感情，沒有社群」。格主只寫文不露臉，總是缺少了一點「人性」，對吧？

◆ 教學演講

你知道公家單位每小時給講師的費用只有一千六百元嗎？但為什麼還是值得去，因為這也是一個通路的概念，先問聽眾有幾位，越多越好。在演講的時間內，你就等於在放送個人品牌，把你的專業和理念散播出去。

公開課程或大型演講不但是通路，也是一種對你專家

資格的背書，還可當作上台、溝通、銷售技巧的磨練，在品牌發展初期有機會就多去，如果台下是社會人士，也許還會衍生出新的商機。

◆ 一對一行銷

　　最強的通路是人與人的接觸，其中最猛的一招叫「一對一行銷」，你對待粉絲就像媽媽呵護孩子那樣地珍惜與疼愛。出國寫明信片寄給粉絲，收到的人會永遠記得，並可能分享出去讓其他粉絲看到，感受到格主的那份心意。

　　一對一行銷表面上是一對一，但實際上帶給你的是後續的發酵，在所有行銷的招數裡面，最棒的就是「會員拉會員」（member get member），真誠而主動的傳出口碑，像是一對一的洗腦，無意間就把他訓練成一打十的業務員。想想看除了寄明信片、生日卡、手把手教學、直播會客室、今日我最美，還有什麼一對一行銷的創意呢？

　　以上「行銷五環」提供的是一個參考框架，對內容、形象、商品、團隊以及通路有幫助的事還有很多，有些你現在就可開始，有些則要等待適合的時機或貴人出現。

　　網路經濟至少會繼續成長十年，不需要急功近利地追求快錢，因為越好、越強、越值得信賴的品牌，越是需要

時間的淬鍊，個人品牌亦同。

　　我們只要養成累積「數位資產」的習慣，為自己做的每一件事，包括你用心寫的文章、上架要賣的商品、累積的FB好友、Youtube的觀眾數、電子報訂閱人數等，都將會是你擁有的財產，當累積到一定的「變現門檻」時，你再利用這些資產生財，慢慢耕耘出屬於自己的網路事業。

　　我把全球知名的「個人品牌」和「企業品牌」的共通點整理如下，切記，他們做得到，我們也都做得到。

　　人說「創作是時代的耗材」，不管時代怎麼變，載具怎麼變，世界都需要「內容創造者」，所以「內容變現」都會有可能，我堅信在我們的有生之年，「個人品牌」是唯一值得全心全意投入的事，因為它是穩贏不賠的投資。

　　最後關於「轉變」這件事，我有個溫馨小提醒，除非家境優渥，父母從小有商業啟蒙，否則我不建議大家直接創業，應該先進職場上班，原因是因為「創業很難」。當我們在挑戰一件困難的事的時候，最好是把它切割成小一點的問題，然後去解決每一個小問題，再優化每個細節。

　　創業就是面對未知，未知的路上一定會充滿大大小小的問題，所以我們需要擁有「解決問題的能力」，而這項能力的取得來源正是職場，你在幫別人上班的同時，薪水、福利什麼的都只是次要的，最寶貴的資產是你要盡

▌「個人品牌」和「企業品牌」的共通點

個人品牌的共通點	企業品牌的共通點
• 願意露臉、常被看見	• 有商標和CIS
• 專家，某領域的傑出人士	• 有賣東西
• 有出書；（社會第三方認證）	• 公司化經營；有銷售通路
• 有觀眾緣；（縱使顏值不高，也可用幽默取代）	• 可授權；（因為有logo）
• 有自己的發聲管道	• 異業結盟
• 有貴人相助，人脈關係好	• 有「鐵粉」
• 熱愛自己的工作，並從中賺大錢	• 需固定購買
• 有鮮明的個性和立場，有人愛她，有人恨他	• 有像樣的競爭者
• 有一定的權力，或影響力	• 常舉辦實體聚會或活動
• 有刻意去經營形象	• 會做市場調查、傾聽消費者
• 持續不斷的產出「內容」	• 不斷研發、創新，企圖改變世界

最大努力學習「解決問題的能力」，這不僅包括你在專業上的能力，還包括人事管理上、財務法務、目標訂定、策略規劃等，所有關於公司經營、業務成長、人際關係的知識，都將會提升你自行創業成功的機會。

比喻成賭場，職業賭徒除了非常熟悉遊戲規則外，他們懂得計算機率（算牌），他們觀察入微，記下所有出過的牌，然後看準機會重壓剩下的牌。

人生的每一步都在賭，既然要賭，何不賭大一點，我認為身在職場的人，就是在「累積籌碼」，等待機會來臨時的梭哈。

第 **2** 章

人氣部落格
的成功祕密

從 0 開始的獲利模式

人人都可成為知名部落客、團購主、youtuber、直播客

我認為寫作不是一項天賦，也不是什麼技能，只要你會說話，會打字，就能寫些什麼。什麼「文筆不好、沒靈感、沒梗」都只是逃避或偷懶的藉口。

你的文筆不會輸給任何一位部落客或作家，他們贏你的地方只有量，而量多必中！你看到他們中的，誤以為他們的文筆好，殊不知他們的爛作都沒有問世，

如同 Michael Jordan 所述，他投不進的球比投進的多很多，但量多必中，一旦中了，就是大家的偶像了。寫作絕大多數都是紀錄，只要你活著，每天做的事、看的人、說的話全都是寫作素材。

以前也許只有書店的書會被看到，假設你要讓一百個人看到，需印成小冊子發給一百個好友，但現在是網路世代，要被一百人看到，只要 PO 在你的 FB 牆上，一分鐘就達標了。

若內容真的好看，何止一百人，十倍、百倍都有可能，因為「被看到」的門檻降低，導致觀眾的平均素質降低，你寫的東西再爛也會有觀眾，你無須「發明」什麼想法，只要「記錄」這個想法即可。

別說你不會，當你看完一場電影，心中一定會有想法，或者看完一本書、吃完新開的餐廳、剛結束高空彈跳、被男友劈腿……，任何事情都可以把心中的感想寫

出來，寫出來就會有人看、有人附和、有人讚嘆、有人鼓勵，就此開啟自己的寫作生涯，就這麼簡單！

現在請把「寫點什麼」放進你的每日必做清單，很快你會看到不一樣的改變。

資訊如此發達的現代，足不出戶都有可能成為某領域的「大師」，只要你勤於收集資料、整合、內化後，再用自己的話講出來，網友就有可能把你當神了，就算當不了神，至少也會是該領域的「意見領袖」。

不過要寫什麼、怎麼寫才有人看，我將之區分為「領域」「題材」和「元素」，以下為我的創作框架解析。

在通俗易懂的領域裡當專家

- 生活
- 遊戲
- 農業
- 財經
- 烹飪
- 影集
- 情色
- 電影
- 簡報
- 3C
- 醫學
- 轉貼
- 八卦
- 勵志
- 瘦身
- 藝術
- 手作
- 運動
- 兩性
- 寵物
- 美食
- 行銷
- 穿搭
- 彩妝
- 醫美
- 親子
- 法律
- 職場
- 政治
- 命理
- 攝影
- 網路
- 設計
- 旅遊
- 建築

選擇自己的創作領域。

從 0 開始的獲利模式

人人都可成為知名部落客、團購主、youtuber、直播客

　　首先選擇你想創作的「領域」。通常會是你的專業所在，但殘酷的事實是，某些領域的流量會比其他的高，例如上圖圈選處內的領域，會比其他領域的高，例如「美食、旅遊、情色、八卦、3C」等，為什麼呢？科學的說法是那些領域在馬斯洛金字塔的最底層，白話的說法是「越多人看得懂的東西，越多人看」。

▌流量的大前提：部落格領域

Self Actualization 自我實現需求

Ego Needs 尊重需求

Social Need 社會需求

Security Needs 安全需求

Body Needs 生理需求

馬斯洛需求金字塔（Maslow's hierarchy of needs）

網路和實體社會沒兩樣，「通俗」的人占了大宗，你給通俗的人看「專業」的東西，他們看不懂！就算對他們來說是有料資訊，他們也懶得分辨，因為他們並不在乎啊！當他們都吃不飽、穿不暖時，哪有時間閒著沒事幹上街頭靜坐；或是每天無所事事、迷失自我的人，哪會關心「自我實現」？

你寫什麼領域，大概就能知道你的流量上限在哪，你可以對照上面兩張圖，越底層的項目關心的人越多，流量潛力就越大。你也許會問，「假設我的領域非常專業，例如醫學或法律，難道就不可能建立起一個高流量的網站嗎？」其實可以的，以下是三種解決方案。

把專業寫得平易近人

你的觀眾不是你的同業，他們只是一般民眾，別賣弄太多專業術語，用白話或比喻解釋艱深的事情，有能力把複雜變簡單才是「大師」。多舉例，多寫真實故事，盡可能加點「元素」進去攪拌一下，讓濃度變稀一點方便入口。

把專業結合時事

想要流量？時事就是流量的保證，有機會不妨「為流量而寫」，先把能見度搞起來，再去發揮你的影響力，畢竟你寫的東西再好，沒有人看到也是白搭。

身為專業人士，我們必須有能力去評論新聞，提供專家解讀，遇到你可以大書特書的時事，就得用力把握去勾搭。

通俗題材並融入專業

誰規定專業人士一定要寫專業文，你也可以寫美食、旅遊或開箱文啊！放不下身段？要維持專業形象？我勸你不妨這樣想：「犧牲小我，完成大我。」你的優質創作是要來影響人，讓世界更好，有時完成理想是需要繞路的，如果先嘗試擴大讀者群，再適時的偷渡自己的專業進去，或許會更快達成理想。

假設你是一位心血管醫師，你可以寫一篇美食文，除了形容這條魚有多美味外，你可以補充「魚肉含有EPA和DHA兩種脂肪酸，能幫助降低血液黏度，讓血管不易硬化，預防中風或心肌梗塞的發生」；或者你是一位律師，

你去荷蘭旅遊的時候，除了描述風景多美外，你可以順便提醒大家：「縱使大麻在荷蘭合法，但台灣是二級毒品，刑法第二百五十七條第三項：自國外輸入毒品者，處無期徒或五年以上有期徒刑，得併科一萬元以下罰金」。記錄自己的生活之餘，又適時分享專業，還能增加流量，一石三鳥不是挺好嗎？

　　每個人都會吃喝玩樂，也會買東西，也會有親子生活，專業人士也不例外，等你在一個領域建立網路專家地位後，你也應該「跨領域」來寫其他類別，每個人都是多面向、多興趣的，專業的「硬文」和通俗的「軟文」需不時輪替，以求形象、文章品質和流量的最佳平衡。

　　總之，不管你的專業多厲害或思想多深奧，在網路上創作，寫得通俗永遠比較好，曲高和寡沒人看，請切記一個聽起來彷彿是廢話的真理：「看得懂的人越多，看的人越多」。

豐富的題材手到擒來

日記

　　要成為烹飪大師，就得天天煮；要成為攝影大師，就

得天天拍;要成為書法大師,就得天天練字……,然後把過程或作品記錄下來,用你的創作寫「日記」。

日記就是你在該領域的基本創作題材,別人因為你寫什麼日記去定位你。把你在該領域周遭發生的事記錄下來,是內容網站的根本基石。

新聞

想成為某領域大師,除了每天要緊跟相關新聞,你還得有能力和勇氣去評論。如果說在網路上有什麼是「流量的保證」,那非「時事」莫屬,一個懂得將自己的創作主題緊跟時事的人,永不缺流量。

人物及故事

在你的領域中,有無值得報導的人物,你是否方便去採訪他們,挖掘他們的故事,以主持人的身分去寫出一篇好文章?

這是一種借力使力的方式,每個人都有故事,也喜歡被重視,在某領域晉升最快、提升產業地位的捷徑就是當主持人,他的故事由你嘴巴說,你誇他的好,大家看你寫

的報導，一舉兩得豈不樂哉。

歷史

　　回憶總是最美，歷史是很迷人的，之所以迷人，是你不一定有機會經歷，所以只能用想像的。在「創作的時間軸」上，「新聞」是現在，「歷史」是過去，活得老看得多，若能寫得出來，觀眾一定會捧場。

　　我可以說出二十年前全世界第一個個人網站平台是Yahoo Geocities，台灣的第一個是PChome個人新聞台，無名小站的創辦人是誰，這些「歷史事蹟」，本身就是「創作門檻」，新進者根本不會提及，若你是政治評論家，你可以回顧兩蔣時代的台灣社會，對比現在的台灣社會，但年輕一代的競爭者在「歷史」這一點上，根本無法與你競爭。

　　很多人問，年紀大了還適合在網路上創作嗎？例如寫部落格？我的回答是「當然適合」，「歷史」是一個創作門檻，資歷越豐富，寫出來的東西越多元好看，千萬不要把年紀當成阻礙，要將之化成你的優勢。

趨勢

「新聞」是現在，「歷史」是過去，那麼時間軸的未來就是「預測趨勢」了。專家之所以為專家，有一部分是他勇於對趨勢發表意見，提供符合邏輯的創意，正不正確倒是其次，敢不敢言才是重點。如果有人能百分百預測趨勢，他還需要建立什麼個人品牌嗎？他低調都來不及了！

專家不一定是趨勢大師，但被封為趨勢大師一定是專家，各產業領袖的大老都會預測趨勢（也許是為了股價），股市分析師也會預測走勢，反正不是上就是下，五十五十的機率，中了就是神準，不中下次再試，基本上大家並不會記得你的命中率，所謂的「趨勢大師」根本不存在，但總有人必須出來寫，所以他們自然而然就被冠上「趨勢觀察家」，一種「誰寫誰就是」的概念。

「勤於評論新聞，對比歷史事件，積極發表趨勢」是快速成為領域專家的公式之一。當然，寫得好不好，有沒有邏輯性，作者是真貨還是假貨，看久了大家便知道，想把專家地位坐穩，還是得要有點料。

教學

　　「教學文寫得好，一輩子沒煩惱」。網路搜尋什麼最多？沒錯，就是能解決網友問題的文章。假設我寫出一篇「如何用網路報稅」的文章，圖文並茂地帶你一步步走，從如何申請自然人憑證，到如何接上讀卡機，每一頁該填寫什麼，鉅細靡遺地寫了高達三萬字，幸運地被Google放在第一頁的第一個，這篇文章的流量每到五月一號就會開始隆起，一直到五月三十一號才會下來，而後的每一年五月，你都會看見如此的現象，這就是教學文的威力。

　　把這現象放大一百倍來看，一篇只有當月流量的文章已不能滿足我，如果盡可能寫出「不看日子吃飯」的教學文呢？例如「地震來了要躲哪裡？十招讓你安全保身」「Photoshop去背技巧，增加商品質感讓業績提升200％」「Wordpress架站不求人，十萬字教學免費公開！」這些文章若能成為搜尋引擎中的「最佳解答」，排到第一頁的前幾名，則該網站會享有源源不絕的流量，收入也會隨之增加。

　　3C部落客是教學文的專家，旅遊部落客也不遑多讓。我問大家一個問題：「有沒有可能網站都不更新，但收入持續，甚至增加？」答案是有可能的，只要教學文寫

得好，寫得多，一輩子受用！（但別真的永遠不更新啊）

開箱／商品

　　很多人忽略一個事實，開箱文的流量比想像中高得多，以單篇專文來說，說不定還是最高的（偶爾會高過教學文），為什麼呢？很簡單，因為大家花錢前會先上網搜尋，越熱門的商品，搜尋量越高，價位方面，中價位的商品流量較高，那種「買得起但需要猶豫一下」的商品，搜尋量往往是最高的。

　　部落客到了一定階段，會有很多廠商邀稿試用的機會，也許免費看部電影、免費吃頓飯，開始進入「商業性」寫作，除了免費得到商品和額外稿費之外，撰寫商品文的附加價值還有龐大的流量。

　　廠商會引用部落客的文章，從粉絲團連到該文章，同時若該商品為主打商品，廣告打得兇，該文章的搜尋量也會提高，「電視看到，網路收割」，撰寫商品文的好處多多，有機會請盡量把握。

　　也許在很多人眼中，寫業配文是違反創作初衷的，但這是個巨大的迷思，把眼光放大，利用影響力將好商品推廣出去是在做善事，造福人群，就像你看了一部好電影或

吃了一家好餐廳，本能就是會宣傳出去，現在做這件事還有錢拿，有何不可？它並不會讓這部電影變難看，餐廳變難吃，或讓你變壞人，因此失去了寫部落格的初衷。

古今中外，「廣告」這件事本質是好的，不好是因為被某些人濫用，身為創作者只要本身有分寸，能為消費者把關，精選好商品，寫業配文可以多多益善。

任何人都可在網路上賣東西，不是只有電商網站才可以，創作者若願意，有合適的商品或機會當然也行。但我要提醒各位，創作者的本分是創作，不是叫賣，至少在創作的初期，少點商業性會比較好。

網友比較相信「專家」說的話，順序應該是先成為專家，比例上寫多點其他主題的文章，再找機會點切入商業文。

以上七個撰寫題材，你可以選擇其中幾項開始嘗試，慢慢地，你會寫出心得，發現你比較擅長，或是網友反應比較熱烈的的題材，再從那延伸向外。

你或許會問，「假如我發表一篇文章，是針對某事的『立場』或『理念』做清楚的表述，那應該被歸類到哪個主題？」

我認為「理念」不應是撰寫的題材，而是一個貫徹至

你所有文章中的想法，假設你對教育有獨特的理念，不管你是在評論新聞、回顧歷史、預測趨勢，甚至寫開箱文時，都必須把你的理念融入其中，藉由該主題傳達你的立場及想法，因為我們不就是有理念才開始創作嗎？若缺少了自己的立場或理念，該文章哪還有個人風格可言？你的理念就是你創作的靈魂，它不是什麼撰寫主題，而是應該無所不在。

多元創作元素為吸睛保證

假設主題是肉體，理念是靈魂，那麼創作的元素就是配飾，能讓你整個人變得更有魅力，更吸引人。以下提供一些能夠加分的創作元素。

數據／圖表

數據圖表本身就有說服力，多數人並不會追究它們是否正確，讀者只要看到就覺得「很專業」、「有整理過」，若你能整理出一些數據或圖表來支持你的文章論點，感覺就很像一回事，因為只有「專家」才有可能編製得出來，不是嗎？不信的話，看看電視上的名嘴專家。你也可引用

別人的數據圖表，記得註明出處即可。

　　很多時候，文章的開頭都是「根據資策會統計，台灣電子商務市場已達……」、「〇〇〇再惹爭議，民調只剩下不到兩成三……」，數據就是數字，數字給人信服、真實、具體、精準的感覺，所以常提及數字，對創作是加分的。

　　「五個你不得不知的生活小常識」、「七種對身體有害的食物」、「好男人的十二個特徵」這類的文章都加入了數字，讓人感覺上有經過整理，幫你畫上了重點，但其實你我都知道，多半只是數字迷思罷了。

　　數字的再強化是「排名」，例如「全台灣排名前十的必吃甜不辣」、「人氣票選 Top 10 性感女星」……，從第十名倒數起，觀眾都會耐心的看下去，一直到你公布第一名為止。

圖片／照片

　　一圖勝千字，三圖就三千字，除了上述的視覺設計系的資訊圖表外，圖和文從一開始就是「創作夥伴」，文中放一張適當的圖，會有畫龍點睛的效果。

　　漂亮有意涵的照片能讓眼球停留久一點，如果創作的

主題是以視覺為主，例如美食、旅遊、產品，則圖片的重要性將大於文字，此時投資一台好相機、學習拍攝及修圖技巧是必要的，有些人甚至認為，一流的影像是創作中最重要的元素。

所有的元素都是可以結合的，當我們結合「圖片」和上述的「數據」，就成了「資訊圖表」（infographics），顧名思義，把重要資訊做成清楚易讀的圖表，加上一點視覺設計以便傳遞內容，因為圖比文字容易散播。但請記得把你的品牌 logo 放上浮水印，別浪費任何一次的轉載曝光機會。

美女

美女是萬靈丹、百搭因子、吸睛的保證，當你的內容需要「被看見」，而你試過其他方法都沒用的話，你只能服下這顆萬用解藥，保證見效！我並不是說這是下下策，若運用得宜，會幫你的品牌加分。

美女本身就是上帝的一流創作，天生就會有人看，但為何我把它定位成一個元素而已呢？因為太多美女是沒有內容的。

語錄

創作為了要使人信服，加些「名人」語錄很有幫助，建議放第一句當開場白（引發興趣），或是放最後一句當文章結尾（最有力、最有記憶點）。語錄怎麼來，你可以平常收集，看到好的就記錄下來（或照下來），或是更簡單去搜尋，輸入關鍵字「famous quote about ○○○」（以圖片搜尋較能一目了然），就會有相關的名人語錄。

除了正式、有哲理性、感覺念過幾年書的語錄外，網路鄉民流行用語也是一個很棒的元素，它會引發網友共鳴，讓人會心一笑，也能展現你對網路流行的「時尚感」，將它們放在合適的地方，讓你的內容更好看，例如以下範例：

◆ 在非洲，每二十四小時就有一天過去。（旅遊或時間相關的創作）。

◆ 你每吐出一口氣，地球上就多了一份二氧化碳。（環保或保健）。

◆ 誰能想得到，這名十六歲少女在四年前，只是一名十二歲少女（親子育兒）。

◆ 台灣競爭力低落，在美國就連小學生都會說流利的英語

（英語學習）。

◆ 你不在的這十二個月，感覺就像一年那樣的漫長（兩性）。

◆ ○○天就是要○○，不然要幹嘛？（這一句話曾經捧紅一個人）。

◆ 自己的○○自己○（原本是政治口號，後來有群眾募資成功案例）。

◆ ○○○有一種○味，有人喜歡，有人不喜歡（美食是很主觀的）。

◆ 剛泡好咖啡。對著電腦，路上無車無人，夜深無聲……（史上最知名開場白之一）。

　　每天網路上都充斥著流行用語，把它們通通記錄下來，然後適時地放進你的創作中，以搏得網路讀者的好感！

比較

　　專家要使人信服，必須「綜觀全局」，如果你想成為3C專家，你不能只懂iphone，而必須把其他品牌的旗艦機種一起拿來做比較；想成為理財專家，寫出一篇「全球

股市分析」的文章，會比「個股分析文」更上一層樓。

　　「比較文」是把戰線拉廣，定位升高，也因此所做的研究功夫比較多；想成為八卦專家，請參考《蘋果日報》對緋聞對象的比較表：A女36E「勝」，B女身家五億「勝」，光是一則男藝人的新聞配上一小張比較表，就結合了「新聞」、「人物」、「歷史」、「數據」、「美女」等主題和元素，八卦專家當之無愧。

　　當你擁有足夠的資訊，為大家整理分析好之後，才是你以專家身分出場的一刻，你分析所有手機後，那麼你覺得哪支手機才是最好呢？哪裡的股市值得投資呢？男藝人最後情歸何處呢？「比較」過後的「排名」是專家的工作，你必須勇敢地說出來。

問答

　　當我們想說一件事時，不一定要平鋪直述地寫，也可以用「你問我答」（Q&A）的方式撰寫，反而能有效建立專家的形象。

平鋪直述的寫法	「你問我答」 （Q&A）的寫法
內文提到旅行緣起	Q：名古屋有什麼好玩？ A：你的內文
內文提到親子景點	Q：名古屋適合親子遊嗎？ A：你的內文
內文提到交通方式	Q：名古屋機場如何去市區？ A：你的內文

　　起手式通常是這樣：「昨晚有讀者來信問我……」事實上，也許根本沒人問過你，只是用Q&A形式撰寫的文章，一是可以快速建立你專家的形象，觀眾會陷入解答者必是專家的迷思，二是幫助網站的SEO，當有人輸入相符的字串，你不就剛好提供解答了嗎！三是看的人也不會無聊，短篇閱讀比看長篇大論來得輕鬆多了。切記，「自問自答」是網路行銷非常基本且重要的一招，有需要應該常常用。

見證

　　自己說自己是專家很遜，要別人都說你是專家才狂，

「見證式行銷」也是網路行銷的基本功。從電商的客戶滿意度、學員的課後心得，到大牌明星代言，當我們看到「名人一致好評」、「人氣部落客狂推」、「蔡依林真心推薦」的見證詞，好像有了第三人背書，我們下決定的風險就比較小一樣，行銷的迷思之一莫過於此，不過話說回來，有見證有差，只會加分不會減分，有需要還是多用吧！

　　發自內心的見證很少，多數見證都是被操作出來的行銷手法，所以這個元素也許會花成本，可便宜可昂貴（蔡依林），那有可能免費嗎？簡單的說，免費的見證就是「口碑」（但一樣可以做出來），東西要真的好才會有口碑，一篇極優的文章自然就會被大量分享，這些分享者就是免費的見證囉！

　　再者，很多時候都是找家人朋友假扮路人做「見證」，我看過最絕的一招是公司員工去 FB 留言說好吃、好棒棒，然後業者把這一串截圖後當成網頁素材，但是把所有的臉都馬賽克，再做一個大大的標語說：「超過百位網友激推！」厲害，這一招太省錢了。

整理／懶人包

在所有文章類型中，我認為威力最大的第一名是「整理文」，你可以想成一個「巨型的、不停更新的懶人包」，方便既有或陌生訪客查詢，它可以是一個索引、一份目錄、大綱摘要，以文字連結、圖像呈現或地圖上的標籤。

當你的部落格資料夠豐富，你最好導入到自己的單篇文章，不要連外，除了可以增加網頁瀏覽數之外，對搜尋引擎的SEO也有幫助，很多部落客已經發現了這個祕密，「整理式清單」是很有威力的一篇文章，新舊朋友都愛，人氣永續長流。

整理文可分「短期」和「長期」，短期就是流行話題的懶人包，大家都在追的事，例如八卦新聞、熱門影集這類，把所有相關圖文搜刮起來，整理成一篇文章，然後就慢慢享受流量的隆起，但通常風潮或話題一過，搜的人就變少了，所以我們要把心力放在長期，例如以下：

◆ 台中美食推薦超級無敵懶人包。

◆ 台灣精選民宿推薦每月更新總整理。

◆ 電腦一買就要安裝的免費軟體下載（持續更新中）。

　　試著整理（最好是自己寫過的）永遠有需求的資訊，然後享受一輩子的穩定流量。

　　整理文本身還有恫嚇效果，可讓後進者感到「深不可測」、「高不可攀」，當他們看到一篇文章竟然有超過一千篇的站內連結，連到各自的專文，他們有可能就放棄跟你競爭了，所以「整理文」等同競爭門檻，盡量把它墊高吧！

漫畫

　　圖文部落客很多，但紅的沒幾個，你知道為什麼嗎？因為他們誤以為漫畫是主題，但其實漫畫只是元素，主題內容有很多種呈現方式，包括文字、影音，所以漫畫只是一種「表達內容的方式」，重點不是你的畫功，而在於你的主題是什麼？想表達的內容是什麼？你的畫功再好，內容平凡、梗不好笑、沒有共鳴，最多只是個「畫匠」。

　　打個比喻，你的聲音非常有磁性，說話非常好聽，但如果話中無物、內容空泛，也沒人想聽，最多的出路就是當個配音員，當不了脫口秀主持人。我衷心建議漫畫部落客，好還要更好，不要再畫「心情日記」了，如果沒有特

別精彩的話，請找個領域和題材發揮，或找一些文字型部落客搭配，會畫畫的人比一般人有「才華優勢」，但一樣需要有固定主題來支撐。

影片

影片很強、很夯，大家都要趕上影音熱潮，但你要拍什麼？所以影片也不是題材，只是個輔助呈現主題的方式，縱使這方式比較新，或許易於傳播，但礙於高門檻，投資風險較大，在創作初期並不一定值得。

好消息是二〇一六年是網路直播元年，Facebook開放直播功能，將影音製作門檻大幅降低，變得人人會用，於是創作者紛紛開始「直播」，但你會發現，問題又回到了「主題」，多數的直播內容空洞、零散、直播主廢話連連，看這些影片根本是浪費生命。

當你認同影片只是元素時，你就不會去直播一些雞毛蒜皮的小事，去拍一些「生活日記」（顏值高的網紅例外），想要成功搶得先機，就趕快依附在適合你的主題上，用影片的方式展現你的專業吧！

幽默搞笑

　　每個人都喜歡看「有趣」的內容，再硬的領域和題材都可以用「有趣」將之軟化，以打進大眾的口味，所以幽默的人占盡了優勢。幽默感的range很大，同樣的笑點有人喜歡，有人不喜歡，只能不斷嘗試，從標新立異的創新到不計形象的搞笑都有機會，follow那些你覺得好笑、有趣、有梗的人，看能否從中學到幾招，幽默感就算不是天

		主題		元素
你的專業領域（或多領域）	×	生活日記周遭記事	×	1. 數據圖表排名
		新聞時事		2. 圖片照片
		故事及人物		3. 美女
		歷史		4. 語錄
		未來趨勢		5. 比較
		教學		6. 問答
		開箱商品		7. 見證
				8. 整理懶人包
				9. 漫畫
				10. 影片
				11. 幽默搞笑

生，也可以苦練而成。

綜合上述，光是在一個領域裡，就有「7種題材×11個元素」多樣組合。為了好記，你就叫他「7-11創作框架」吧！

如果我們去看網路上那些有名的人，也會發現他們都是以不同的題材加上元素的混搭，請參照下表。

內容創作者	領域／題材	元素
谷阿莫	電影／商品	影片、整理（懶人包）
貴婦奈奈	生活／日記	美女
統神	遊戲／教學	影片
我是馬克	職場／日記	漫畫、語錄、幽默
Mr. Jamie	網路／新聞	數據、見證
電腦王阿達	3C／新聞、教學、商品	圖片、比較
卡提諾狂新聞	跨領域／新聞	影片、語錄、排名、幽默

因此，當你寫出自己的節奏後，也許就不再需要什麼框架，因為創作會發展出自己的方向，到時順其自然就好。

先寫先贏，今天就開始吧！

　　Ａ心中一直想寫些什麼，但始終沒有動筆，因為他想寫出完美的文章；而Ｂ想到什麼寫什麼，結果觀眾越來越多，直到有天他被雜誌邀請去寫專欄。這件事被Ａ知道了，Ａ心中想：「那傢伙寫這麼爛還能寫專欄，我的文筆比他好多了！（氣）」。

　　你的文筆好不好沒人知道，寫出來就是好，不寫出來就是nothing，心中的OS全是bullshit、who cares，想證明自己文筆好，會寫能寫，唯一的方法就是「寫出來」，用講的誰不會？

　　寫作是一種投資、一種療癒、一種幸福、一種多功能的行為，連憂鬱症患者都能因寫作而康復，想一想，不但恢復健康還賺了錢，有名、有利、有健康，透過寫作一併給你，天下還有比這更好的事嗎？

　　寫部落格、寫工具書、寫小說、寫童書、寫劇本、寫廣告文案、寫說明書、寫專欄、寫校刊、寫報告、寫新聞、寫散文、寫詩詞、寫明信片、寫日記，寫什麼都可以的！

　　我自己的「寫作生涯」是從寫日記開始，那年是一九九七年，因為初戀失戀有很多想法想說，卻沒人可以

傾聽，於是把想法全說給日記本聽，就這樣開始了我的寫作，而後我開始在網路上創作，第一篇文章是我和一位長者的對談，寫出我心中的感想和啟發，當年我二十一歲，寫到今年也二十年了，我們這個世代的平均壽命會接近一百歲，所以再寫個四十年應該是沒問題的。總之，不管你的年齡、專業、興趣為何，「寫作」是你今天就可開始的「工作」，越早寫，觀眾就越多，根據你的才華或專業，利用相對應的數位工具，盡可能在網路上創造內容，累積觀眾。說白了，這些觀眾都將是你的潛在客戶，當你發現時機來臨，達到「變現門檻」，某比例的粉絲會順理成章的轉成客戶，讓你長久以來的 output 有實際的價值。

我深信在這知識經濟的時代，最精實的創業就是「寫部落格」，因為寫東西是我們可持續做的 output，你所寫的每一篇文章，都會有累積的效果，寫一篇沒反應，寫十篇開始有觀眾，寫百篇開始有些微的影響力，寫千篇就會占據搜尋引擎的某部分，慢慢的，我們藉由網路寫作來擴張勢力範圍。每一篇文章都是一個種子，會觸及到一些人，也許是閒雜人，但也許是生命中的貴人，有寫有機會，量多必中，先寫先贏。

第 **3** 章

培養
願意追隨的
鐵粉讀者

知道寫什麼之後，下一步要培養出忠實的讀者，下圖為「行銷漏斗」和讀者忠誠度的關係，左邊是從客觀到主觀，右邊是從平凡到新奇。

▋ 行銷漏斗（Marketing Funnel）

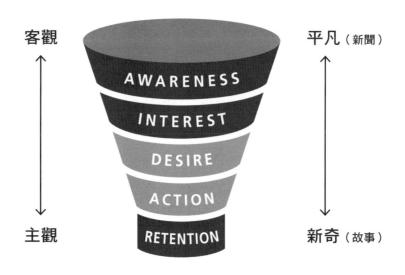

讀者忠誠度的養成。

　　身為領域的意見領袖，提供客觀的看法是錯的！寫再久都也不會紅，「轉述」產業新聞只會讓你顯得平凡，變成可有可無的專家，你要盡可能的走向主觀，必須要！我

看過很多所謂的專家，文章全部都只是用自己的話重講一次產業新聞，極少或完全沒有自己的觀點，如果是這樣，讀者看新聞就好了，為何還要看你？我猜想那些「專家」是怕：

◆ 懂得不夠徹底，不敢去評論，以免被酸民圍剿，有失自己專家形象。

　　如果是這樣，那就不要寫，沒人規定你要針對每件事去評論，如果你不懂，或自覺說不上什麼有建設性的意見，那不如不說。什麼？為了增加流量，好吧，我可以接受，但我慢慢就會把你當成新聞媒體，而非什麼專家領袖了。

◆ 有獨特觀點，但寫出來怕被罵。

　　這裡的解決方式是……就被罵，又不會怎樣，假設你挺綠的立場鮮明，泛藍的人就會罵你，反之亦同，但重點是什麼，是你慢慢會過濾出真正挺你的人（沿著漏斗從上而下），這裡的重點是養成忠誠度，不是養成人見人愛的偶像，有個性、有立場，才會有忠實觀眾。

　　再來看圖表的右邊，想像你在看電視，從五十台轉到

五十八台，每台都在報差不多的新聞，看哪台有差嗎？漏斗底部好比一個小說作者，寫出來的東西有人喜歡，有人不喜歡，但至少他的內容是僅此一家，別無分店，不喜歡的人就被漏斗過濾掉了，喜歡的人就看著看著變成鐵粉，引頸期盼你的下一本小說。

　　我把漏斗再簡化，請看下一張圖：

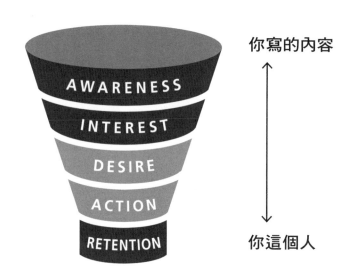

網站「鐵粉」的養成。

　　跟國內外所有專家想的不一樣，我認為養成鐵粉的關鍵，不在於你的內容，而是你必須藉由內容，讓讀者喜歡上你這個人，唯有當他們愛上你，他們才離不開你。

　　你要一直把這張圖烙印在心中，因為「內容」很容易被取代，但「人」不會，你製造內容去接觸人群，加他們好友，跟他們互動，培養出一段感情，這才是養鐵粉的祕訣，因為「內容的連結」是很脆弱的，「感情的連結」比較穩固長遠。

　　你在創作中要常常展現你的「人性」，硬梆梆的內容是冰冷的，很多人認為取走你的內容是應該的，因為你的內容就跟網路上的其他內容一樣，他們拿了就走，毫無感激之心。假設你是寫美食的，一天更新一篇，有天中國富豪來台撒資十億，一天產出一百篇，內容比你多又比你好，你的讀者就會因此轉台，因為他們看的是你的內容，而不是你。所以我們要在這漏斗的過程中，盡力讓讀者愛上我們的人，當他們愛上我們，不管我們寫什麼，寫得好不好，他們都還是會看。

　　我對鐵粉的定義就是，「無論你做什麼，都盲目挺你的一群人」。內容僅不過是一個入口，讓他們認識你，然後愛上你。

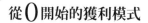
做好SEO的關鍵

如何增加搜尋流量的學問，被統稱為「SEO」（Search Engine Optimization，搜尋引擎優化），白話的說，如何將你的網頁排到搜尋結果的前面。

為何輸入同樣的關鍵字後，你排第一頁第一個，我排第一頁第八個，他則被排到第五頁之後？因為網友基本上只會看前三頁的搜尋結果，所以誰排在前面（最好是第一頁）就變得很重要，關係著該網站的流量及存活，於是SEO成了一門很重要的學問，很多企業專精於此，幫助網站提升他們在自然搜尋上的排序。

事實上，網路流量大略分成以下四種：

1. **直接流量（direct traffic）**：意指網友直接來你的網站，可能直接打網址或是加入我的最愛。

2. **搜尋流量（search traffic）**：你的網站網頁出現在搜尋結果列表，網友點進來。

3. **連結流量（referral traffic）**：網友從非搜尋引擎的網站點了連結過來。

4. **社交流量（social traffic）**：如Facebook等社交網站連來你網站的。

　　以上四種流量來源最好的當然是「直接流量」，因為他們可能是你的鐵粉，一個電商網站若能讓人「每天來」，有看有機會，就一定會有某比例的人會買東西，一個內容網站若能讓人每天來，這網站內容一定有著致命的吸引力，縱使不每天更新，他們還是因為渴望看到新東西而每天報到。

　　不過「直接流量」是最難操作的流量，特別是對新網站來說，你最起碼也要建立一些自己的網站口碑，才會有鐵粉願意天天報到。簡單的算法，你可以把「直接流量」轉換成「鐵粉數」，至於直接流量（或其他流量來源）怎麼看，請務必在你的網站上安裝 Google Analytics（簡稱 GA），它可以偵測你的每項流量來源，再依情況調整你的經營方向。（關於 GA 的安裝、解讀及應用，不在本書討論範圍，請自行上網爬文或購買相關書籍。）

　　不同於直接流量較難主控，「搜尋流量」就大有可為，各大搜尋引擎的運算方式，包括 SEO 的排序，一直是「兵家之爭」的浩大戰場，因為一旦卡上前三頁，通常會有「大者恆大」的效應出現，特別是第一頁，你就會看見該網頁的流量暴衝，若該關鍵字又熱門，流量就會陡峭的隆起，以財務面來說，流量和收入是成正比的，做好「搜尋引擎優化」應可說是「收入的優化」，可見 SEO 的

重要性。

以Google搜尋來說，SEO被很多因素影響，包括該網頁瀏覽量、不重覆訪客數、網頁停留時間等，當你搜尋「SEO factors」會出現兩千三百萬網頁結果，足夠研究一輩子，但Google會選擇性公布這些因素，以防有心人士的一一突破，也就是說真正的運算公式只是Google內部人員才知道，而且年年在變，若你想追SEO，是永遠追不完的，以下是我認為重要的因素，只要掌握這幾個大原則，寫出符合規定的好文章，SEO就會慢慢的爬升。

網頁瀏覽量（PageView，簡稱PV）

這是指該網頁被看了多少次，越多PV，表示這網頁越受歡迎，其SEO排序就會被提高。PV是內容網站指標性數據之一，以往一篇千字文章，通常一頁往下捲一捲就看完了，現在很多網站的做法是做分頁，一篇千字文章分為五頁，每頁兩百字，讀者必須點擊下一頁，因此PV就增加了五倍。當然，這有點擾民，但為了網站的廣告收入，不得不犧牲了閱讀友善度。

其他的做法包括寫「系列」文章，例如遊記或小說連載，增加「延伸閱讀」的區塊，盡可能讓網友一篇接一篇

的換頁。

不重覆人數（Unique User，簡稱UU）

同個IP位置的網友，假設他看了五頁就是五次PV，但只能算一次的UU，這像是電視收視率的概念，你的網站實際觸及了多少位不同的網友，想增加這項數據就得嘗試多點曝光，也許嘗試寫跨領域的文章，會就此開啟一個新族群。有錢的做法是下廣告，廣告是快速增加觸及率的方法。

網站停留時間（time on site）

按理說，停留在某一網站上越久，表示這網站的內容越豐富，若是不感興趣（或是誤闖，例如不小心按到廣告），讀者可能三秒內就離開（這叫跳出率），所以圖文並茂、專業豐富的文章量有助於這一點。嵌入影片、舉辦活動，或是做個「○○產生器」等小遊戲，也可增加停留時間。

被連結次數（backlinks）

越多的網站、越大的網站，連結到你的網站，理論上，你的網站就越重要。古老的方法是去論壇留言，在簽名檔上留下你的網站連結，或是找幾位友好部落客交換連結，至於如何在大網站做連結回來？就是買廣告囉。全世界有一個網站在這個項目上非常強勢，也許是最多網站連結的一個網站，它就是「維基百科」，因此它的SEO永遠是第一頁的前幾個。

再訪率（re-visit）

說到「再訪」，功能型網站如Gmail或影音網站都很高分，但應該沒有網站會比Facebook強。我不確定每個人每天會再訪FB幾次，因為一有新訊息通知，很多人就會忍不住去消除紅字，形成數不清的「再訪」次數，更有很多人整天黏在上面從未離開。特別若是有商務目的，例如粉絲團經營、直播等，FB在停留時間和再訪率都十分驚人，想在這項目上改進，可以增加「新訊息通知」功能，利用紅字消除強迫症一再地把人帶回。

社交訊號（social signals）

　　因應社群時代，網頁的社交性也慢慢被重視，簡單說就是這個網站或網頁被按了多少次讚、多少次分享或留言，先有Facebook，後有Google＋，我們看到很多網站上的「社交按鈕」，網友每按一次等於投它一票，社交互動次數和SEO會互相影響。例如越多人分享該網頁，就增加越多連回連結，而SEO排行前面的網頁，也當然會得到更多的讚。最簡單的作法就是清楚告訴網友「若喜歡這篇文章請幫我分享」，或是舉辦活動等來利誘他們按讚、留言或分享

　　以上六個是我認為部落格或內容網站最重要的SEO要件，提升每一項都可增加網站的權重。

　　我一直認為「自然排序」的重點在於要自然，你越操作SEO，就越不自然，而Google集合全球最聰明的工程師維持它的自然性和公平性，身為內容創作者，我們也只要順其自然，自然會被Google重視。

▌ 加強SEO的具體作法

1. 如何增加PV

- 一文分多頁
- 延伸閱讀
- 站內連結
- 系列文章
- 殺人標題
- 討論區

2. 如何增加新訪客

- 下廣告
- 實體人脈
- 主動留下連結
- 參加廠商活動

3. 如何增加網站停留時間

- 文符合標題
- 長文，但耐看
- 嵌入影片
- 另開新視窗
- 嵌入遊戲
- 倒數計時後，可以動作

4. 如何增加互動、再訪率

- 定期更新
- 更新通知
- 請讀者加入我的最愛
- 請讀者訂閱RSS
- 多和網友互動
- 發電子報

5. 如何增加（好的）入站連結

- 交換連結
- 主動留下連結
- 買廣告
- 病毒文

6. 如何增加社群分享

- 放上按鈕，在顯眼的位置
- 分享按讚有好康
- 「看懂」的優越感
- 放美女圖
- 病毒文

常用熱搜字懶人包

　　另外一種SEO的作法，是善用搜尋引擎的常見熱搜字來下標，或是把這些句型寫入標題或內文中，而當我們需要常常這樣做的時候，不妨就將之系統化、模組化，以便後續能更快速輕鬆的創作。以下我提供幾組「熱搜句型模組」供大家寫文時參考：

如何＋（想要的結果）

例如：

◆ 如何快速瘦身？

◆ 如何備份手機照片？

◆ 如何從○○機場到市區？

想要＋（什麼事情），但不知如何開始？

例如：

◆ 想要自助旅行，但不知如何開始？

◆ 想要跟女孩子搭訕，但不知如何開始？

◆ 想要累積第一桶金，但不知如何開始？

◆ 變化：「開始」可改成「下手」、「做到」等。

受夠了（什麼問題），何不試試（解決方法）

例如：

◆ 受夠了辦公室政治，何不試試這款降噪耳機？

◆ 受夠了一直掉髮，何不試試超自然洗髮精？

◆ 受夠了粉絲團觸及率下降，何不試試建立Email名單？

◆ 變化：「受夠了」句型可改成「我明白」、「一直困擾著你」等句型？

（幾個）步驟輕鬆（解決什麼問題）

例如：

◆ 三個步驟輕鬆完成網路報稅。

◆ 五個步驟輕鬆用 photoshop 去背。

◆ 七個步驟輕鬆架設屬於自己的網站。

◆ 變化：「步驟」句型可改成「方法」、「動作」、「不傳祕技」等句型；「輕鬆」可改成「簡單」、「快速」、「無痛」等說法。

想要像（大明星）一樣（想要的結果）

例如：

- ◆ 想要像林志玲一樣的美麗凍齡。
- ◆ 想要像林志炫一樣的歌聲動人。
- ◆ 想要像林志傑一樣的野獸體能。

（大家感興趣的事）完整全攻略

例如：

- ◆ 國外浪漫婚禮完整全攻略。
- ◆ 亞洲米其林餐廳完整全攻略。
- ◆ 日本樂高樂園完整全攻略。
- ◆ 變化：全攻略可改成總整理、懶人包、大集合、一次看
  完等。

　　以上除了單獨使用，也可組合成更具吸引力的標題，
例如：

- ◆ 想要像林志玲一樣的美麗凍齡嗎？六步驟教妳維持肌膚
  水嫩Q彈。

◆ 受夠了台灣烏煙瘴氣的居住環境，來看看國外移民完整全攻略。

◆ 如何成功打造個人品牌，一步步從上班族無痛轉移到SOHO族。

我認為只要多收集網路上的常見句型，開始建立自己的「標題模板」資料庫，除了可以幫助SEO外，未來至少在想標題方面，也可以省下一些時間。

讓陌生網友變忠誠讀者

ProBlogger是美國老牌部落客資源網站，創辦人Darren Rowse在他的演說中講到，網站和讀者的關係「從冷到熱」可分成四個階段，身為部落客（或任何類型的站長）都應該針對每階段的挑戰來設定策略和解決之道：

如何取得注意

網路資訊這麼多，為什麼別人要看你？光是第一點就打死了很多優秀的內容創作者，因為許多的好東西根本沒被看過。我們可以反向思考，那我們為何會看到某人某

網站和讀者關係的四階段

與讀者關係		讀者狀態		目標
冷	1	沒聽過你	➡	取得注意
	2	對你不感興趣	➡	對你感興趣
	3	跟你沒有連結	➡	製造連結
熱	4	被動	➡	讓他們參與

（引用自：ProBlogger, 2016）

事？多半時候，我們是因為「病毒文」而認識新作者，病毒文具備的特質，包括長篇實用、幽默好笑、應景時事、創意十足、業界爆料等條件，除了你可以努力「內容力」的強化，還可考慮授權文章給其他媒體，看你想接觸何種族群，列出那些族群常去的網站或部落格，並主動投稿給他們或擔任客座共筆作家，提高自己的能見度。

你亦可在類似部落格、論壇、粉絲團、或臉書影響者的板上留下令人印象深刻的內容，嘗試吸引你想吸引的族群。

如何讓讀者對你產生興趣

類似「行銷漏斗」的概念，人家聽過你卻不一定感興趣，讀者也許從你的「代表作」（病毒文）認識你，但其中一大部分人看完就閃不會再訪，那些留下來多看兩眼的也可能會質疑你。此時「網站的第一印象」顯得非常重要，清楚標明你能解決哪些問題，或提供什麼有價的內容降低初訪者的質疑，若能提供「新手上路」的引導就更好了。

主題專一而精準雖能快速聚焦讀者，但我認為不一定會對格主產生多大興趣，我認為專業文都是「硬文」，硬文看多了，讀者只會把你的網站當成「工具型網站」。就跟工具書一樣，我堅信唯有「軟硬文交疊」才能將格主的個性展現，而唯有展現格主之「靈魂」，才有可能被愛（或被恨）。

如何和讀者製造連結

讀者對你產生興趣，但始終是「局外人」，事實是他們不只關心你，也關心許多其他人，你若想進一步增加他們的忠誠度，就必須和他們「產生連結」。

　　國外最多人使用的方法是建立Email名單，在他們初訪網站時，自動跳出視窗請他們填寫Email，來交換有價數位內容，例如電子書或實用工具。一旦有了他們的Email，就有了初步連結，就可以固定發電子報給他們，但要如何做好會員維繫的工作，那又是另外的課題了。

　　其他產生連結的方式，還包括粉絲團互動、直播、辦實體網聚、一對一行銷等，詳情可參閱後續章節。

如何喚起他們的行動

　　行銷的最終目的是銷售，寫部落格、擁有個人品牌的最終目的是發揮影響力，讓某些人去做某些利己或利他的行為。要讓網友動起來，去參與你想要他們做的事確是網路人最大的挑戰。

　　從前的讀者還會在部落格留言，但自從Facebook統治社群世界後，多數人只會按讚表示「朕知道了」，多餘的動作都變得很小氣。想喚起他們的行動，首先要降低該動作難度。

　　舉例來說，你在逛街買洋裝，希望網友給你意見，你可以問：「大家覺得我穿什麼顏色好看？」或是穿上兩

件拍照後問:「A好看還是B好看?」前者的行動難度較高,讀者還要去想顏色,後者的行動難度較低,只要留言A或B就好,對網友而言,難度越低,他們會動作的機率就越大。

第 **4** 章

跨界使你
有感升級

從 0 開始的獲利模式

人人都可成為知名部落客、團購主、youtuber、直播客

我在教部落格課程時，一個很常見的問題是，「若我有兩個以上的興趣，例如財經和賽鴿，我是否應該將他們分開，各寫成一個部落格？」因為很多人會擔心怕兩個領域不搭，可能有損專家的形象。我的答案非常簡單，當然是寫在同一個部落格，因為以下三點：

1. 你怎麼知道這兩個主題的TA（目標族群）不會重疊？說不定對賽鴿感興趣的人非常需要理財，我們不該去預設○○和××主題的人不會有交集。

2. 要把一個部落格做起來就已經很不容易，同時要搞兩個加倍困難，不管你想寫什麼，都應該先集中火力寫在同一個，不同的主題就用不同的文章分類對應就可以。一個財經專家，部落格上全是專業的財經資訊，突然上方選項有個「賽鴿」，會不會很怪？會，但這就是你跟別的財經專家不一樣的地方，因為你竟然還是賽鴿專家！網友會對你特別有印象。

3. 還記得寫部落格（或網路上其他形式的創作）的最終目的是要養出夠多的鐵粉，然後鐵粉的定義是要讓他們愛上你嗎？你覺得網友會比較容易愛上「一個財經專家」還是「一個懂賽鴿的財經專家」？

　　我想再次強調「要有人性」。我們本來就對世上不同事物產生興趣，也正是因為這些多元興趣才組成一個

完整的「你」，當你又懂財經、又養賽鴿、又看棒球、又疼小孩、又愛吃拉麵等一切特徵被網友知道了（要寫出來），他們會覺得更了解你，然後更信任你，才有可能愛上你。

　　機器人可以生產比你更專業精準的財經甚至賽鴿文章，但他們沒有人性，沒有溫度，不會和讀者產生情感的羈絆，所以永遠無法取代你。

　　綜合以上三點，我們看到「跨界」的必要性，成為單一領域專家後，還是要釋放點人性，將你的第二、三、四、五、六興趣展示給大家看。每一種興趣和主題不但能為你帶來嶄新的客群，擴大會員數並交叉銷售，還能讓你的創作源源不絕，追求多面向的快樂，讓生命更豐盛。

　　以部落客來說，你可以繼續深耕流量，放置Google廣告來賺廣告費，你的廣告收入會隨著流量正比例上升，同時你也可以接廣告文，你的稿酬也會隨著流量和廠商滿意度增加，然後你可以開始跨界去賣東西，在部落格上揪團購、當經銷商，甚至自創品牌。

　　至於作家，你可以繼續深耕文字的領域，從寫專業工具書開始，再嘗試寫勵志書、小書，甚至劇本。講師的起點可能是一場三十分鐘的分享，繼續發展下去可能是三個

小時的主題演講，再到自己招生公開班，再到企業內訓，然後可能是簽年約的顧問。

　　每個職業、每種身分，都有入門到進階，收入低到多，你只要心中想一件事：「如果有人可以做到，這就是一定有可能的」。

　　這就好比玩遊戲，當你某個職業技能滿點後，你就應該轉職繼續賺點數，例如從戰士轉到法師再轉到牧師，你不但充滿力量，還學會了魔法，最後還可以補血幫助別人。

　　也許轉職的起初，你有很多東西要學，但隨著不斷地練功，這個新職業的技能一一被你解開，你的舊能力依然在，甚至因為觸類旁通變得更好，成長的不僅是縱向的專業深度，也是橫向的多元領域。這不僅是工作表現的成長，更是人生經驗的成長，而這才是最棒的成長！

跨界商機和收入願景

　　個人品牌要怎麼賺錢？我提供以下一個「6×5收入表格」當作攻略地圖供大家參考，收入來自六大面向，包括賣廣告、賣專業、賣文字、賣商品、賣形象和其他收入，每個面向按照難度分別是一到五顆星，共三十種賺錢的方

法，你可以一一去嘗試，然後選定幾種去深耕，每一種都可以為你帶來不錯的收入，縱使有些比較困難，有些你可能沒興趣，但你至少要嘗試「跨」出來。

個人品牌收入列表

難易度	1 賣專業	2 賣廣告	3 賣文字	4 賣商品	5 賣形象	6 其他
★	工作競爭力→加薪	邊欄廣告	投稿	揪團購	辦網聚	參加活動
★★	受邀演講	寫廣告文	寫專欄	經銷拆帳	電視通告	主辦活動
★★★	開班教學	影音／直播	出書	專職賣家	虛擬人物代言	技術服務
★★★★	內訓講師	直接贊助	劇本／企劃	海外代理	成為藝人	經紀人
★★★★★	顧問	簽年約	賣電子書	自創品牌	肖像授權	會員收費

賣專業的路線

◆ 提升職場競爭力

這是你的起點，多數人都是從「職場」跨出來的，在

從 ○ 開始的獲利模式

人人都可成為知名部落客、團購主、youtuber、直播客

老闆知情的前提下,盡量將你的專業寫出來,因為「持續寫作」除了可以梳理你在工作上所學,理解得更透徹,增加自身競爭力和專業自信,還可以因為你的形象和名氣隨著流量提升,而被當作公司的「對外代表」,包括公關、行銷、發言人、Top Sales,或被網友指定的「大紅牌」。

例如你在旅行社工作,成了超人氣導遊,大家都指名要你帶團;或你是正妹在美食網站工作,因為自己人氣旺,而連帶幫助了公司的名聲,只要開始寫,就會有好事發生。

當然,這不過是剛開始,接下來就準備「移動」了。

◆ 受邀演講

「師師」有兩種:「業師」和「講師」,前者的重心在正職,因為招商、人情、或佛心,偶爾才出來分享,不以演講收入維生。後者的重點在收入,上台演講就是正職,所以表達能力、簡報技巧、運課手法、流程設計,甚至服裝形象,就是他們的專業,當我們說要「跨界」,就是兩者間的專業交流。

對業師來說,他們需要學習「把知識教給不會的人」,這本身就是一門專業,對講師來說,他們需要「深入了解某專業」,自我內化後才能設計出好課程。

　　當我們在職場上闖出點名號後，可能是老闆指派或是外部單位邀約，都會有機會站上舞台當講師，分享你公司業務或其他領域知識，這是非常自然的推進，你就趁勢跨出去第一步。此時還是「講師界新手」的你，必須持續學習，花錢多去上課，特別是「明星講師」的課，觀察他們的運課手法，學習他們和學生互動的方式。

　　不管你的演講是七分鐘還是七小時，都不應該像是在教員工或「跟著簡報念」，用密密麻麻的專業術語去轟炸素人。你的專業或許有九十分，但學生卻只學會五十分，這跟另一位講師專業雖然只有七十分，但學生卻聽懂六十分相比，在學生的心目中，後者卻比較好。每個業師都必須花點腦筋提高「知識可轉移性」，不然學生去看線上教學影片就好了啊！

◆ 開班教學

　　如果有單位邀請你去當講師，按次或按時給付酬勞，那是比較簡單的關卡。下一關就是自己公開招生，場地自己找，設備自己搞，當然學費也都自己賺。我從二〇〇八年開始自行開班，到現在快十年，從一開始教部落格到現在還是教部落格，我把這當作人生使命，一路走來始終如一，只是每堂的內容都不一樣，因為我比每個學生都還好

學,持續會有最新的知識或領悟更新。

公開班最大的挑戰就是「能持續招生嗎?」你在某領域闖出名堂,第一次大家蜂擁而上(但這往往是你表現最差的時候),第二次、第三次……,你可以一直開下去嗎?你的領域有這麼大的市場嗎?所以你教的東西要夠大眾化,不會隨著時間淘汰,而且要有「投報率」,大家才願意付學費。

當課程做出好口碑,會員忍不住介紹出去,就能細水長流,不然你會發現一個殘酷的事實「會花錢上課的都是那群人,需要來上課的卻又不花錢」。好學的人什麼課都想上(雖然不一定用得到),他們會跟隨名師,熱心參與及分享,若你能找到適合的入口,就能接觸到這一群「上課控」。

授課的開始與準備

◆ 講師的收費標準

二〇〇八年我第一次公開講課,主辦單位給我時薪一千六百元,跟公家機關邀請講師的行情差不多,但只上三個小時,也就是四千八百元,我覺得非常少(我當時是外商總經理),但身為一個新手

講師，這是必經過程。

　　而後我開始自行招生，每位學員收費從一千出頭，到現在的一萬出頭，滷肉飯都會年年漲價，專業的課程學費也不該例外，當然講師本身也要持續精進，才有本錢年年漲價。

　　「課程定價」其實沒有什麼標準行情可參考，若你教的東西獨一無二，定價可採用「帶給學生多少價值」來決定，我的課程足以改變學員未來的生涯途徑，所以一萬多元並不昂貴，不是嗎？

◆ 開始授課的時機

　　當你已有足夠的基底，例如部落客固定讀者或粉絲團，你可以問大家願不願意來聽你分享，一開始可以免費或低價，趁此練習你的台風、演說能力、臨場反應等，然後請大家寫心得，拿來做學員見證，當時機成熟，做個正式的課程及招生網頁，你就可正式踏上講師之路。

從 0 開始的獲利模式

人人都可成為知名部落客、團購主、youtuber、直播客

◆ 企業內訓講師

　　從講師這條路繼續往上攀升，會來到企業內訓，收入頗高可當正式職業而致富。每家公司都希望員工進步，每年會提撥一些預算做員工教育。

　　如果你是老闆，你會希望員工學些什麼？當然是能提升員工產值的技能，以這個需求去想，你能講的要符合「員工所需」之技能，再變成業界數一數二的講師，就有機會受邀去內訓。

　　哪些是員工需要的技能，主要都是人際及專業相關能力，包括表達、業務、財務、行銷、簡報、工具應用、創意、管理等。

　　內訓講師的機會多數是透過管顧公司所促成，管顧公司身為講師的經紀人，他們會針對企業的需求去提案，管顧公司和講師間的拆帳約「六四」或「五五」，「中間人」旗下有很多講師，你變得有點像是要跟他們競爭。

　　發展出個人品牌之後，企業廠商會自行來找你，你亦可主動舉辦免費的專業講座吸引潛在客戶。教育訓練一次最少兩個小時，最長兩天一夜，管顧會負責所有事項，講師只要好好準備授課內容就好。

　　臺灣最頂尖的講師每小時可實拿一萬元，假設一年講

一千小時，那收入也可破千萬，沒囤貨、沒壓力，又受尊敬，職業講師一職還算不錯，縱使只有少數能成為頂尖。

◆ 顧問

　　賺錢這事兒是先求有、再求多、再求快、再求輕鬆，最好是自動化。

　　離開外商後，我除了每天寫部落格外，當顧問是我主要收入來源，最高紀錄同時是四家企業的網路行銷顧問（還推掉很多），都是有收顧問費的，但可想而知，每天遊走在四家企業的商品討論、行銷規劃、員工溝通上有多麼的錯亂，而且台灣南北跑，電話一直響。一端是重心慢慢放回生活上的我，一端是客戶要求的工作表現，天平的兩端無法取得共識，所以多數約滿就沒續了。

　　顧問真的很累，壓力不見得比上班族小，而且想一想，我離開職場不就是要擁有自由和擺脫壓力的，顧問並沒有比上班族好到哪！

　　顧問這職業聽起來很不錯，門檻高、所以收入高，但做久了你會發現都是「短暫性」，半年或一年後，把專業盡量移轉給客戶後，你就要準備找下一個客戶，這工作是沒有累積效應的（除了業界口碑），而且要親力親為，所以現在我已不再接顧問，除非有「顧問股份」或其他附加

價值，不然其實這工作跟 by case 的接案沒什麼不同。

如何成為顧問呢？你無法 call out 到處問「嗨，貴公司有需要請顧問嗎？」我覺得只有一條途徑，就是在你的領域中成為最突出的幾位，然後等待別人來找你。

你可以主動舉辦講座來接觸一些潛在客戶，然後再 follow 詢問，很多企業其實不太知道他們有「顧問」的需求，因為也不知道問題在哪裡，或是請顧問要做些什麼，多數老闆只是要提升業績，賣出更多東西，不太懂得區分角色，所以誤以為「顧問」、「老師」、「行銷長」、「員工」都是同樣功能，只要能達成目的，這角色名稱並不重要。

賣廣告

不工作就有錢，這叫「持續性收入」，網站事業之所以迷人，就是因為它可以做到這點，只要把網站流量做大，廣告收入就會跟著變多。流量是有累積效果的，大者恆大，甚至接近自動化，收入當然就跟著自動化。

◆ 邊欄廣告

最簡單的一招，只要去 Google Adsense 申請一個帳

號，放上一串語法，就可開始靠網站流量賺錢。一開始雖然不多（因為你的流量不高），但會隨著流量慢慢增加。

千萬不要自己點擊廣告，因為Google大神非常厲害，我曾經以身試法，結果被停權，後來因為代理商的幫忙才復權（但要被代理商賺兩成）。至於如何放置Google Adsense，網路上有很多文章可參考。

不過廣告放得越多，使用者經驗就越不好，在收入和網站UX之間要拿捏取得最好平衡。

建議大家在初期不要放太多廣告，放一家Google就好，把重點放在內容產出的質量，把自己的知名度和能見度先做起來以後，再去考慮其他家的聯播網廣告。

◆ 寫廣告文

當流量來到一個門檻（我的標準是日流一千不重覆人次以上），就可以嘗試接廣告文，不止部落客會有這樣的機會，只要你在網路上有些影響力，例如粉絲團主或某領域的意見領袖，廠商可能就會希望請你廣告，所以這關並不難，利用下班時間經營一個粉絲團，或勤玩臉書或其他平台，養出一些觀眾即可。

你可先從免費的試吃試用開始練習，或是直接報價也可以，但就怕廠商不選你，所以報價的挑戰在於「報低嫌

太少，報高怕接不到」，如果你對如何報價毫無概念，以下是我的建議作法。

1. 把你的部落格「每日不重覆流量」×1.5當作標準，從這開始增加或減少。不過臉書的好友或粉絲團就比較難抓，畢竟很多粉絲都只是灌數字，沒有真正的互動。

2. 問問你的部落客朋友，他們的行情是多少，假如他們的流量和品質跟你差不多，他們的報價也是很好的參考標準。

3. 除了數據以外，依不同主題、個人特質、社經地位、曝光管道會有很多變數，可詢問有經驗的朋友或老師，徵求他們的報價建議。

4. 當我們想要這個案子，想盡量報高卻怕接不到，可以跟廠商說「原價」是多少，但基於「某個理由」合作可以先打○折（自己決定）。若合作結果不錯，未來再做調整，理由可包括「首次合作」、「友情價」、「知名品牌」、「優良廠商」、「最近比較有空」之類的原因，重點是保留未來漲價的空間，也不會降低了自己的品牌價值。

5. 你可以嘗試「以量制價」，假設一篇廣告文報價一萬，如果廠商可以承諾一年保證四篇以上，每篇價格可降至

八千，一種大量採購的概念。

6. 報價的對象要分辨是「直客」還是「代理商」，後者為廠商和部落客的中間人，他們有較多量的案源，所以擁有「大量採購」的優勢，所以在報價時，你應該報低一點，讓他們的「利差」比較大。當他們可以從你身上賺到較大的利潤，自然會給你較多的接案機會，為了要求穩定，代理商的關係要維持好。

　　寫廣告文是部落客或網路影響者（influencer）很常見的事，一般來說，他其實是用自己在幫廠商背書該產品，所以你要把他想成代言人也可以，所以才會產生一些善和一些惡，而那些惡又讓「業配文」產生不好的印象，導致很多人不敢接廣告文，怕砸了自己招牌，或在網友面前變得很俗氣，沾上了銅臭味。

　　不過我一直都覺得廣告文是在做善事，把好的商品介紹給大家，如果這商品你真心喜歡，你幫他背書又有何不可？

　　身為網路上有影響力的人，就是要發揮正面影響力，而在這過程中，又可將影響力變現，這事有何罪惡之感呢？問問藝人、政客、運動員、知名社會人士吧！他們是否認為「背書、代言」是壞事，還是一舉兩得，皆大歡喜

的善事呢！

　　重點是，我覺得如果你是好人，你自然知道如何拿捏廣告文的比重，知道什麼可以接、可以廣告，什麼不能接、不能寫，如果你是貪心、把錢放在第一的人，網友其實也看得出來，你的品牌也不會多好，時間一久，真實的人性都會現形，就像很多部落客為了吸引廠商接案，還會作弊去做假流量。

　　我覺得會洗流量的人，心術一定不正，自古以來，心術不正的人，事業不會長久，他們可以賺得一時的快錢，但因為投機取巧的個性已潛伏於心中，漸漸不知如何走正道。

　　想瞞天過海的人騙得了一次，騙不了每次；騙得了一個人，騙不了多個人，所以早晚會出事。一旦出事，基本上信譽全失，整個事業垮台，如果這份事業（部落格）是你的真愛，這樣做值得嗎？

　　正道會走得比較慢，人氣靠一點一滴紮實地累積，除了同業尊敬、讀者陪你成長，最重要的還是你自己對部落格事業的尊重。

　　流量真的不是一切，不要以「流量導向」去經營一份事業，你該經營的是自己的名聲，以及在該主題中的權威性，而這兩點都不可能一夕速成。

　　如何才能有廣告文的機會，我建議大家先把網站流量衝到日流一千以上，自然會有代理商發現你，若沒有，歡迎你寫信給我。

　　另外，我想強調流量不是唯一的重點。以我自己來說，我挑選部落客寫廣告文的條件還包括圖文品質、主題和廠商客群、多管道曝光通路、SEO結果、主角是否上相、配合度、親近和熟悉度，以及最重要的讀者含金量，而這些都是除了流量數字外你可努力的方向。

◆ 影音或直播

　　近年來成長最快的就是「影音行銷」，從文字到圖像再到影音，網友需要越來越大的刺激才能吸引他們的目光，但影片的製作門檻很高，是否值得投入，則要看你的定位而論。

　　如果你是電子商務業者，善用影片行銷可倍增銷售量，投報率十分不錯，所以當然應該大量使用。內容行銷者就不一定，若你想要突圍建立名氣，又有時間和能力進行錄製及後製，不脫是一種很棒的作品呈現，利用Youtube或FB的影片平台累積出你的觀眾群。

關於直播

人說「見面三分情」，所以時常跟網友「見面」可以增加親近感和信任感，真正將「自媒體」這三個字名符其實、顧名思義化。你需要的只是一支手機，就可像是擁有自己的電視台，現場放送給全世界。

直播是繼部落格、youtube 之後一個新興的好工具，方便快速建立你的個人品牌。以下是我認為的幾個原則，給想走直播路線的人參考。

◆ 內容設定和腳本

內容為王，永遠的王。這點當然在直播也一樣，還記得「創作的 7-11 框架」嗎？把它拿來這運用也適合，例如下表：

領域	主題	直播內容	元素
烹飪	教學	如何煎好一條魚	影片
網路	教學	如何投放FB廣告	數據
政治	新聞	今日台灣大事之我見	排名

領域	主題	直播內容	元素
旅遊	開箱	義大利比薩斜塔現場連線	見證
彩妝	生活日記	想看我卸妝後的素顏嗎？	美女
3C	開箱	任天堂最新主機開箱試玩	照片
商業	教學	電商年收破億之祕訣分享	比較
遊戲	教學	榮耀戰魂關卡1-6攻略	搞笑

　　和影音創作不一樣，直播是即時的呈現，無法剪輯或對影片做後製特效，加上觀眾耐心有限，不會等你慢慢來，所以事先一定要有充分的準備。

　　開播前要寫腳本和run down，準備好道具（例如語錄板，類似胡忠信那樣），出現什麼畫面時講什麼話，有點像上台做presentation，只是面對的是電腦螢幕。整個直播的重點、流程和時間要有概念，也應該讓觀眾知道，不要隨便就上陣，那只會顯得你不夠專業或認真，別人自然就轉台了。

　　Youtube是一個很好的靈感來源，在上面已有成千上萬的影片供參考，無論什麼領域，都會有相關的熱門影片，很多也許是後製過的成品，但至少

可看到節目設計的橋段和流程。我認為最多人看的應該還是教學類的內容（英文為 "how to"），你可以先從觀摩開始，並記得「教學的材料」要先準備好，沒人會等你「去五金行買個螺絲起子再回來」，當你終於準備開始示範教學時，人都解散了。

◆ 固定時刻表

直播是你的「個人電視台」，既然是電視台，就要有節目表，什麼時候會演什麼，何時演收視率最好，就像八點檔一樣，讓觀眾可預期以便定時收看。

第一次直播可能五個人看，第二次十個人，但因為你「固定產出」，就像寫部落格一樣，只要保持固定更新，就會慢慢累積起收視群。

如果你把「固定時間直播」列入自己的工作清單，最後就會熟能生巧。一萬個小時之後，你的直播功力、掌鏡技巧、談吐動作會專業又自在，收視戶也會同時成長。所以跟寫作一樣，自己給自己壓

力，幫自己訂出紀律、許下承諾，然後幫自己創造商機。

　　提供直播時間預告，或有固定時間表還有另個好處，就是「準時開始」。你是否曾看過一些人直播，開始後一直跳針「哈囉大家好」、「有聽到嗎」、「小花你來了，你好」、「小貓也來了，吃飯了嗎」、「哈囉……哈囉……」，然後講一講又有人進來，「豬豬你也來了，我們剛剛在講○○○×××啦」，前二十分鐘就在哈囉的無限迴圈中渡過，或是一再重複之前講過的。

　　請各位直播主行行好，以後可以不要這樣嗎？準時開始，錯過的人就沒聽到，不要為了遲到的人去懲罰守時的人。

　　很多乾貨的分享都是直播完就刪檔，事先跟大家說你的直播是幾月幾號幾點開始，然後就看流程或腳本去照著做，才是專業的直播客。

◆ 投資設備和自我

　　直播雖剛開始流行，但競爭者只會越來越多，

　　所以到了最後，問題又回到該如何脫穎而出，成為觀眾焦點。此時又回到你是否願意「投資」？

　　第一個當然是設備，包括高階手機或相機、麥克風、電腦軟體、場地及背景布置、燈光設備，如果是戶外直播，還要增添三軸穩定器、高速上網卡、高階收音設備、行動電源，還有最貴的助理人員，畢竟你一個人要變身一台 SNG 車啊！

　　第二種投資是知識，你是否願意爬文自學、上課進修或拜師學藝。一般素人沒有電視台的工作經驗，忽然要去自編、自導、自演、自放送，你要學的東西太多了。電視節目的重點是「如何讓節目好看」，包括內容、畫面、收音、燈光、效果、橋段安排、來賓素質等，直播是「一人電視台」，要去吸收並複製相關能力到自己身上，除非你有錢、有團隊，不然這條投資之路真的是沒完沒了。

◆ 互動、贈獎、鼓勵分享

　　直播比電視台優勢之處就是你可以跟觀眾互動，既是優勢，就得好好利用。直播中除了噓寒問

暖外，可以向觀眾提問，包括選擇題用按符號投票（FB的讚、愛心、笑臉等），或是開放題讓他們留言作答，你再即時做出一些回應，這是網路直播的優勢，應該有很多創意可運用。

我看過餐廳在直播時宣布，只要將他們的直播連結分享出去，就可以參加抽獎，還有精品業者用直播玩拍賣會，用留言的方式競標，一旦某個商品結標，站方就私訊給得標者匯款方式，然後主持人拿出下一個拍賣商品讓大家再競標。網紅美女們也會鼓勵觀眾盡可能分享連結，或是互動留言就可以參加抽獎，獎品是從日本買回來的可愛鑰匙圈。

從事網路行銷多年，我最常被問到的就是：「我的內容如何讓更多人看到？」從部落格到電商銷售網頁、到Youtube影片、再到現在Live直播，其實方法都大同小異：持續做出好內容，吸引第一批觀眾，然後做出更好的內容，再吸引第二批觀眾……，不斷的循環下去。

◆ 直接贊助

類似Google Adsense的廣告聯播網是一種「廣告配對平台」，你提供廣告版位出來，廠商的廣告透過這個平台出現在你的網站上，然後Google賺走某部分廣告費，再提撥一點給你分紅。

還有另外一種模式，就是抹除中間人（聯播網），直接將版位賣給廣告廠商，而這一直以來都是台灣中、大型以上網站的做法，畢竟在二○○七年之前沒有Adsense可以用，所以大型的內容網站，包括入口網站Yahoo、PCHOME、蕃薯藤等都是「自攬廣告」。他們自開版位，然後經由公司業務或外部代理商銷售廣告。

因此當你的網站流量到一定規模後，你也可以雇用業務員，或將你的網站託付給代理商，然後直接報價出去，中間人會賺三到六成的價差，你必須提供報表和所謂的廣告檔期表和結案報表。

想直接賣網站廣告的人，需事先準備一份「媒體簡介」（media kit），上面列出你的媒體特色、網站流量、會員分析、曝光及點擊預估等給廠商參考。

部落格就是媒體，所以我建議部落客到了一定程度也應該要製作一份媒體簡介，用PDF和PPT格式的檔案，

以便廣告客戶快速了解你的網站是否值得下廣告，這才是一個專業內容網站的做法。

◆ 簽年約

　　內容網站到了最後，為了能預估年度廣告收益，賣廣告都是一年簽一約。台灣仍有很多「非常貴」、「有錢都買不到」的網站廣告版位。強勢媒體之所以強勢，八成是因為投報率很好。假設廠商投一萬元廣告費包下某個版位，最後可賺回五萬的業績，那當然是投越多廣告越好。所以投廣告的重點不在於成本，而在於該廣告的有效性。

　　一般來說，越貴的媒體越有效，因此部落客、網紅、youtuber也是一樣，是因為長期下來廣告成本和廣告效益的「自然調整」。不過只要投報率高過成本，還是值得試試看。

　　可想而知，這中間或許會有一些浪費，你必須繳「學費」，但身為媒體，我們的工作是盡全力讓廣告效果最大化。

　　如果有一天，你的網站或你的人可跟廠商簽長約合作，被「包養」贊助，你不但會有穩定收入，可以將自媒體做得更好，也可較無後顧之憂地嘗試繼續跨界。

　　簽長約是賣廣告的最終點，平常多累積廠商資源，保

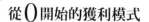
持良好的代理商關係,這一塊做到頂尖,便可以將收入來源接近「自動化」。

賣文字

文字的力量無遠弗屆,當然也有很多方式可轉換成金錢,一是間接利用堆積文字創作養出觀眾,再利用個人品牌創造商機外,更直接的做法是將文字當商品來賣,以下是賣文字的方式,一樣從最簡單到最難。

◆ 投稿

市面上行情是一個字一元到兩元,我聽過最高的買價是每字十二元,通常具有獨家專業人士才有可能,所以這行情算是異數。很多時候我們願意免費寫文(例如部落格),加上閱讀載具的移轉,「以字計價」的銷售方式已漸漸落伍,很少作者或媒體會認為划算,比較務實的是「以篇計價」,就像外包案件的「以作品計算」(by case)一樣。

以我自己的經驗來說,廠商會有一筆預算,假設是三千元,給我一個主題寫,並規定字數範圍,我若接受會多寫些內容再給他們編輯。請注意當廠商付錢給你買文

章，你為此原創文章的版權是在他們手上（就跟寫書類似），所以使用權限要先取得對方同意，也不要事先刊登在部落格上，以免影響對方的曝光或業績。

◆ 寫專欄

很多實體雜誌或網路媒體會邀請專家開專欄，每周或每月固定出刊，計價方式一樣是以篇計價（會規定字數範圍，所以也可說以字計價），多數也是「被邀請」來開專欄，很難主動出擊。

「投稿」和「寫專欄」對我來說就是「單次」和「固定」的差別，再延伸想一下，我認為寫部落格就等於寫自己的專欄，差別只是還沒有人付你錢。有人說「業餘的偶有佳作，專業的穩定輸出」，從寫部落格出發，頻繁穩定地寫出好文，被邀請開專欄只是遲早之事。當然，你的名氣越高，專業越不易取代，報價就可越高。

◆ 出書

說到販賣文字，出書肯定是第一選擇，對素人來說，出書是一個成為名人的跳板，最容易走的捷徑。我們看過太多的例子，出書改變了作者的一生，第三方（出版社）的認證背書，在人生履歷上是大大的加分項目。

　　出書的好處除了名和利的升級，還有非常多隱晦的好處，我強烈鼓吹每個人、不管身分地位、專業技能、經驗多寡，甚至年齡大小，都應該「寫一本書」。

　　每個人都有獨一無二的故事，都應該把它寫下來，這樣至少在你離開人世的那一天，才會留下些什麼。

◆ 劇本／企劃

　　還記得閱讀的馬斯洛金字塔嗎？「越多人看得懂的東西，越多人看」，這一點在故事上也是一樣。你的工具書寫得再好，不是你的領域的人就不會看，但若你把想傳達的重點寫成小說呢？看的人不但變多，還有可能被拍成電影，從看書擴大到看戲的，將文字的影響力發揮到最大，同樣的內容還可以再賣一次，或是授權按電影的收入拆帳。

　　另外，若你的文字功力一流，企劃案撰寫也可成為你的收入來源之一。

◆ 販售電子書

　　賣文字的終極關卡，我認為是電子書，因為「網路內容」的預設值是免費，想讓網友付錢買內容根本是逆天，是違反免費分享的網路性，再剛性的需求如音樂、電影或

A片，都一定有免費的可以看到，何況是知識類的彈性需求，搜尋引擎一搜就有，眾多公開或封閉的論壇及社團，一人付費，萬人轉載，誰會願意付錢去買內容、知識、或小說，這一點真的不容易做到，就算是知識經濟崛起的現在，販賣數位內容仍然是艱難的任務，我們僅能在以下的條件下不斷地嘗試。

1. 你的書無法被搜尋，也預期不會放在網路上。

2. 你的創作很有魅力，獨一無二、無法取代的魅力。

3. 你的鐵粉夠多，這些人不介意用錢支持你。

4. 你的內容適合用電子書呈現，也許是高畫質或互動性。

5. 你只有電子書版本。

　　然而，電子書的風行仍需大環境的配合，包括平台、付款機制、版權保護、硬體設施等。網路上有很多工具，能讓你輕易地製作電子書，所以問題一樣，請你先證明自己能完成一本書，再去想如何利用。

　　英國有位素人作家叫Mark Dawson，二〇〇〇年透過出版社出了他的第一本書，叫好卻不叫座，他覺得出版社是行銷不當，但也沒辦法，只能暫停寫作生涯。

　　二〇一二年，經朋友介紹Amazon旗下的自助出版事業Kindle Direct Publishing，他自助出版第二本書，但仍然賣得不好，他覺得自己花了這麼多時間和研究，但無人

問津實在可惜,心一橫把這本書改為免費,結果一個周末就賣掉了五萬本。雖然一毛也沒賺,而且他也沒有其他書可賣了,但有了五萬名的讀者群,他決定乘勝追擊。

他利用每天四小時上下班通勤時間,一上車就開筆電,紮實地寫到下車,他說一定要快速產出並上線,才能保持讀者對自己的關注。他後續的 John Milton 殺手系列小說至二〇一三年,已經合計賣出超過三十萬冊,年收美金六位數以上,他成功的原因就是販賣電子書,利用第一本當行銷誘餌(一定要超好看),讓讀者上鉤後再來變現。當然,不得不說 Amazon 平台及 Kindle 硬體的推波助瀾也是他成功的關鍵。

賣商品

講到「網路賺錢」,最多人直覺就會想到利用網路賣東西。的確,這是台灣網路上最成熟的賺錢模式,或許不一定要有個人品牌就可以賣,但若有個人品牌則是如虎添翼,能全方位地幫助銷售。

如同上一章「商品環」所述,賣東西也可幫助個人品牌的發展,兩者其實是魚幫水、水幫魚的關係。

人一旦有了影響力,在廠商的眼中就有了利用價值,

所以就算你一開始沒打算藉由名氣賣東西，但遲早廠商會捧著錢來問你，只要你點個頭就有錢入帳。

◆ 揪團購

　　幫廠商揪團購是賣東西的基本關，門檻就是你有玩 Facebook，幫忙記錄「＋1」的人就好，只要有廠商願意讓你賣，並給你合理的利潤，你就可以試試看。

　　多數人一開始是真心分享，但往往到了最後是向錢看齊，我不覺得有什麼不對，當團購主也要花時間，賺點服務費也是應該的。關於團購的部分上一章已有解釋，在此省略篇幅。

◆ 經銷拆帳

　　團購只是兼著做，重心不在賣東西，但若是開始經銷，則重心就偏過來了。你必須花更多時間處理金、物、人、和資訊流，甚至最痛苦的客服問題，你還必須有錢先進貨，承擔現金流的風險，你會將經營品牌的重點從「個人」移到「公司」（網站），以銷售、賺錢、營利為主要目標。我無法說這是好還是壞，畢竟創業家本來就是彈性的，況且賣東西是最快能看到錢的，今天賣，明天就賺錢，這對於看短不看長的人來說較有安全感。

從 0 開始的獲利模式

人人都可成為知名部落客、團購主、youtuber、直播客

◆ 專職賣家

「網路」的特質就是「抹除中間人」（removal of the middleman），在實體世界你想賣布丁，只能從身邊的親友下手，若要擴大營業，可能要找通路商談，才有可能大量販售給終端消費者。在網路上，好東西流傳很快，你只要花點小錢做個漂亮的銷售頁，然後在你的數位通路（包括 FB、部落格等）廣告一下，就有機會大量賣給消費者，無須給任何的中間人抽成（金物流先不算）。

賣東西走到這一階段就是專業的電商人了，台灣的電商不僅是全亞洲最成熟，也是世界最成熟生態之一。所以很多人為了賺錢，就直接投入賣東西的行列，這才是最精實、最有效率的路線嘛。內容只是輔佐，銷售才是王道，很多所謂的網路神人都是賣東西賺了很多錢，大家以為他們很懂網路，但其實他們只是很會賣東西，並且搭上了這股趨勢。我認為賣東西本身是一項技能，而網路只是將之放大。既然電商如此重要，後續我還有詳細的說明。

◆ 海外代理

電子商務競爭到最後，你一定會發現「商品」才是決勝關鍵，如何找到好商品是第一要務，去哪找到好商品

呢？全世界啊！地理上離台灣越遠，就越少台灣人去，每個國家都有不同的熱賣商品，但全世界的消費者都大同小異，所以理論上來說，把國外的暢銷商品拿來台灣賣，成功機率很大，這時你可以談代理，最好是台灣獨家，若無法長期獨家，就至少六個月獨家。

◆ 自創品牌

　　賺錢很容易，但致富比較難，有錢人的成功方法不同，但有個觀念是一致的，就是要擁有自己的「產權」，才有可能致富。

　　若買賣的都不是自己的東西，累積財富的速度就肯定不夠快。

　　一方面我們要買低，最好無成本，另一端我們要賣高，最好自己可定價，將利潤最大化，然後我們要頻繁地重複買賣行為，讓賺錢的速度大過我們呼吸的速度，才能成為真正的有錢人。

　　在賣東西的領域來說，機會最大的是「自創品牌」，符合「低進高出」的原則；就是做出一樣東西，屬於自己的財產，然後把它賣出去。例如你會作木工，就做一個書櫃賣出去；你會打毛線，就鉤一頂帽子賣出去；你會寫作，就寫一本書賣出去……，以此類推。

從 0 開始的獲利模式

人人都可成為知名部落客、團購主、youtuber、直播客

　　美國有個油畫家叫Abbey Ryan，從二〇〇七年開始，每天畫一幅油畫並刊登在部落格上，每一幅作品都是可以買的，購買方式就是去eBay競標，有超過百萬人次、百個國家的網友看她的作品，超過三萬三千名電子報訂閱者（潛在客戶）。我不確定她的收益如何，但這是一個很棒的個人品牌變現，低進高出的成功案例。台灣也有類似的案例，有個人賣精緻的手工蛋糕，並和讀者約好時間「面交」，一併處理了金物流。

　　若你有設計、研發、製造、通路方面的支援，從T-shirt、包包、鞋子、到電腦椅都可自創品牌，若創辦人已有個人品牌，不但行銷費可省一些，初期信任感也比較大，畢竟新的品牌需要時間去廣告，當你的個人品牌已經大到「名牌」的程度，那麼藉此哄抬你的自創品牌也是剛好而已。

賣形象

　　如果你的曝光量夠大，例如藝人，光是「肖像」就可販賣，但在實體世界想成為藝人的門檻較高，你可能得先具備一些普世的才華，例如唱歌、跳舞等，再利用貴人幫助拉抬你，不介意分一些舞台給你。

　　網路世代則較為容易些，你不需要討好大量觀眾，也無須勤練什麼才華（有當然較好），也許只是一邊打電動，一邊講髒話，就有機會把你自己賣出去。

◆ 辦網聚

　　部落客若不露臉，我認為至少損失一半的市場，從「幕後」走到「幕前」能大幅增加你的名利機會，快速獲得信任，強化社群並增加鐵粉。

　　第一個賣形象的關卡就是辦網聚，親自面對你的讀者，跟他們打成一片。我認為社群的最高道行是「情感的羈絆」，而這一點唯有親自和他們面對面才有可能做到。

　　辦網聚和舉辦活動不一樣，網聚就是你自己和讀者的見面會，不一定有其他來賓或主題，你可以嘗試收費來補貼場地和餐飲成本，但就算有賺也不會太多。

　　一開始，把辦網聚當作是一種實體活動的練習，設計一些橋段讓他們覺得好玩、沒有白來、認識你真值得的經驗，試著藉此累積出固定來賓，以便後續的動員。

◆ 上電視通告

　　「上電視」和出書一樣，最大的功能在於獲得「第三方認證」，而非能賺多少錢，除非你能像名嘴一樣當固定

來賓，不然每次通告費一千六百元到三千元，賺的也不多，光你的時間成本可能就不只了。

如何被邀請上電視，八成都是靠人介紹，製作單位可能每一集找三位，三位都是之前上過或是別人推薦的。有沒有可能製作單位直接上網搜尋，然後主動寫信邀約？有，但你必須是近期的話題人物，或是你的成就真的卓越非凡，否則他們也不敢冒險。對於一些領域專家或高人來說，他們也不一定有意願上電視。

要上電視，去問問你身邊常上電視的朋友或部落客，請他們推薦你，但在那之前，請先訓練你的口條和臨場反應，並確定自己有料。

◆ 虛擬人物代言

漫畫部落客的虛擬人物最適合這點，只可惜台灣漫畫家這麼多，能叫得出人物名字那麼少，很多漫畫家訴苦說動漫是血汗產業，在台灣畫畫是不能當飯吃的，但我認為時代在改變，畫畫的最好出口早已不是實體的曝光，而是線上的廣大網民。「一圖勝千字」是真實的，報價也可高過文字數倍，很多文字梗「動漫化」就成了一種新的呈現方式，導致很多漫畫家不用努力想梗，只要收集並快速轉移，就能獲得許多分享並增加粉絲數，再利用龐大的粉絲

數賺錢。

　　對一個漫畫家來說，應該先從異業結盟開始，免費地將自己的角色授權出去，搭任何的商品都好，擴大觸及率。找個厲害的經紀人幫忙談通路。若是搭商品，看看是否可以免費共同曝光，等到你的角色夠有名、夠強勢的時候，你可以開始談年授權費或是銷售分潤，若成功的話，就像三麗鷗公司靠Hello Kitty這棵搖錢樹那樣，賺錢又多又快又輕鬆。

　　Line貼圖商店也是漫畫家的一條收入管道，縱使很難賺，但就當是曝光管道。總之，你必須將角色盡可能地出現在網友面前，賦予他生命和靈魂，盡可能地將它擬人化、生活化、貼近民心，通俗一點去和大眾產生共鳴，但又不可失去自己個性，緊跟時事並用力搭上去，嘗試最新的數位工具爭取曝光，並低價或免費授權給別人使用，當你的角色知名度打開後，代言機會一定會自動上門。

◆ 成為藝人

　　我一直認為部落客或網紅就是網路上的藝人，他們在網路上秀才藝給大家看，換取知名度和收入。傳統藝人出唱片、拍電影、上電視通告等，一個素人有可能嗎？當然，彎彎不都拍電影了嗎？還有幾位原本是美妝部落客，

也準備出道當藝人了。

台灣演藝產業每況愈下,反觀網路則一路長紅,很多傳統藝人,包括八點檔連續劇主角都當了網紅,每晚直播叫賣東西了,在網路當道的年代,還有人會想走「回頭路」,去電視機裡當藝人嗎?

有的,因為要把電視當作另一條通路,將個人品牌發揚光大到極限,上了電視還要去拍廣告、拍電影、開演唱會,不管是從線上還是線下開始,但最終「賣形象」到了最後,都是希望用「臉」賺錢。

◆ 肖像授權

個人品牌的最終關卡就是「靠臉吃飯」。大家都知道你是誰,都想找你合作,但你實在沒時間,心想若有分身就好了⋯⋯。廠商聽見你的OS了,於是問你是否可以給他幾張照片,然後將你的肖像結合他們的產品,就像是你代言一樣。你不用跟廠商見面,你的助理將高清照片Email過去就完成這檔交易,你唯一的工作就是「點個頭」。

個人品牌走到這個地步,就像開分身賺錢,若是可以談妥拆帳,你等於入股一家公司。人家是現金或技術股,你則是「形象股」,什麼都不用做,只要「複製+貼上」

你的臉。當藝人的最高境界正是這樣，不僅藝人，就連政客、彩妝大師、暢銷作家、名導演、明星運動員都能做到了，也許很快就會有部落客、網紅、網路意見領袖等人的肖像授權。

其他收入

我把上述沒講到的放在「其他」，但因為個人品牌的賺錢方式太多，我一定有漏掉，未來也一定會有新的方式出現，我建議你用心觀察，只要看到別人有哪些賺錢方式，就應該試試。

◆ 參加活動

網站那麼多，每天都有活動可參加，站在廠商角度，辦活動最怕沒人參加，獎品也就送不出去，身為初學者，盡可能參加活動，就當成學習，並藉由廠商的資源曝光。

假設有個徵文比賽，你要投稿去寫文章，就認真的按照規則寫，若你寫得很好，廠商就會用你當「指標參考」、「成功案例」來吸引網友焦點，你也就順勢曝光了。整體而言，你可能獲得以下幾點好處：第一，你贏得了獎品，第二，你學到了網路行銷，第三，你認識了一個

廠商，也許後續還有合作機會，第四，你可能會認識其他參賽者，第五，你有了活動比賽經驗，下次會更有機會勝出。

　　參加實體活動也一樣，在發展個人品牌的道路上，一定要多與人接觸，三教九流都要，上流的專家教你知識和氣質，下流的走卒教你通俗與人性，連Mark Zuckerberg都說要走訪全美國，深入了解多元文化，以便改善他的產品。「人脈就是錢脈」是有如鐵一般的事實，只要心生警覺、不要被騙，參加活動在各方面來說都是利大於弊。

◆ 主辦活動

　　參加過很多活動後，不免會幫他們算「賺了多少錢」，其實想想自己也可以啊！於是開始詢問場地、邀請來賓、決定活動主軸、招生賣票……。

　　一開始總是怕怕的，擔心人數不夠，場地凸槌或口碑不佳，而且主辦活動的風險可能在於「萬人響應，一人到場」、票賣不出去還會賠本，或是靠自己的魅力撐不了場。可以邀請幾位重量級來賓，搞場大堆頭講座活動，在每位來賓的魅力加總下，請他們各自發聲宣傳，票房應該就會動起來了。

　　一開始，可從簡單的活動累積經驗值，例如舉辦十人

讀書會，再嘗試百人座談會，然後挑戰千人激勵大會，門票方面以座位數計算，因為辦活動賣門票有時間限制，越快賣完越好，所以你要提供早鳥優惠、多人優惠，並且贈送公關票給那些高影響者，請他們順手幫忙廣告。

你必須把「辦活動」視為固定收入，因此要做出口碑，慢慢累積「鐵桿來賓」，人就一年比一年多，收入也是。

◆ 提供技術服務

從繪者、設計師、程式人員、會計師、到遊覽車司機等，未來SOHO族會繼續增加，很多人現在就兼職在做這些事，跨界過來似乎不難，難的是受雇者轉換到自雇者的工作紀律，心態的調整和時間管理的訓練，若沒有穩定的案源，業務技巧的培養也是挑戰。

好消息是，對成熟的成年人來說，這些都可以很快學起來，網路教學資源豐富，辭職後自由時間增加，邊學邊做，各主題在網路上都有互助社群可以幫你解答。

有很多人懶得學習，傾向用金錢直接買服務，所以掌握趨勢對SOHO族來說很重要。當大家都想拍影片時，你是否可以提供影片剪輯的服務，從零開始用力去學相關軟體，說不定三個月就可接案；有很多人想自架網站，用力

從 0 開始的獲利模式

人人都可成為知名部落客、團購主、youtuber、直播客

去學如何建置 Wordpress，從三千元開始接案然後慢慢漲價；有人想做直播網紅，你可否先學會後，再去當一對一的家教，到他家裡幫忙布置場地、設定硬體設施等。

所謂的技術服務就是去解決別人的問題，然後收費，網路世界有太多問題待解決，也有更多人只想花錢解決。

◆ 當經紀人

「人脈就是錢脈」最好的驗證就是經紀人，一頭是付錢客戶，一頭是服務提供者，當你兩頭都認識很多人並且互相需要，你從中牽線賺媒合費再理所當然不過。網路特性的確能抹除中間人的存在，大數據等演進能準確的配對，但科技還是有個老問題，就是缺乏人性，所以越有人性的配對，經紀人的角色會越慢消失，你這位「人肉平台」還是有賺頭。

假設有一端是設計師，一端是想找設計的客戶，你覺得哪一端比較重要？當然是有錢的那一端，想成為厲害的經紀人，你必須認真開發客戶端，有願意付錢給你幫忙找人的客戶，這門生意才能做起來。

多數創業家在初期都缺乏穩定的客源，找客戶（找錢）對大家來說都很難，所以我們要先做難的，之後才會越來越簡單。

　　想當經紀人，心裡要有「圈子」的概念，你必須至少腳踏兩個圈，並且深入參與其中，了解該圈的生態、人物、行情及潛規則，然後觀察需求和供給，找出媒合的機會。

　　經紀人賺的是差價，也是服務費，網路產業的公關公司、代理商就是中間人，一頭是客戶，一頭是媒體，他們的專業是善用客戶的廣告預算，挑選適合的媒體投放，所以了解產品（一個圈），了解媒體（另一個圈）是必要的，才能完成最佳的媒合。

◆ 向會員收費

　　我們終於進入的最難的一關，個人品牌賺錢的大魔王：直接向會員收費，才可以看到你的內容。

　　網友和你非親非故，從陌生人到付費客戶的過程中，只要稍有不慎，你可能表達了什麼立場，講錯了一句話，甚至什麼都沒做，卻被人在背後說壞話，都會在網友心中扣分而排斥付錢給你。網路內容收費一直都有人嘗試，但多數都失敗，因為替代品實在太多。

　　馬斯洛金字塔的底層網友分不清你的內容和免費的有何差別，分得清楚的也許和你文人相輕，也不願意付錢給你，有點向你低頭的感覺，剩下的是分得清楚的同溫層，

但這些人數真的太少了。

一百個讀者裡可能只有十個粉絲，其中可能只有一個人是鐵粉，定義是你講什麼他都讚，你賣什麼他都買。所以跟讀者收費的第一個解答是擴大你的基數，如果鐵粉只占百分之一，而你需要一千位，那就把你的讀者基數擴大到十萬名。第二個做法比較實際，把鐵粉比例增加到10%，第一章講的一對一行銷很有幫助。第三個作法才是控制內容，把最好的內容拿去收費，製造出「VIP獨家內容」的氛圍，但真的不容易，因為大環境和網路特性不利於我們。

鐵粉雖是金礦，但「付費看內容」的風氣尚未成形，網路之所以快速崛起是基於免費分享，就算你有獨家有料內容，別人也一定會有，假設他人不在乎錢，只想快速成名或出自佛心，你可能就被瓜分「市占率」了。Difficult, not impossible！越難的，越值得去試，至少我是這樣想的。

以「6×5收入表格」創造多元化

當我們要投資創業的「技能」，以上6×5的每一項都可能是你的投資標的物，在該領域中找出指標性人物，盡

可能向他學習，若是他們有開班授課，你不該嫌他們學費貴，而是感激他們還願意出來教，找到良師益友可節省你的時間和金錢，學費是最超值的投資，少至充實心靈，多至改變你的人生。

　　我離職以後，親身嘗試跨了很多領域，上述的「6×5收入表格」關卡我破了一大半，表示我的收入來源多達十五個以上，有些多有些少，有些我留住，有些我放棄，當人可以選擇想賺什麼錢的時候，才是真正的工作自由，而現在的一切，都是從我認真寫部落格開始。

　　我從不是「光說不練」的人，很多人羨慕我現在的生活及工作方式，不禁會說「我也來當部落客好了」，我實在不想當面戳破他們，我心中的OS是，若你是認真的，早就開始寫了。

　　「內容創造」是個人品牌的基底，個人品牌的變現也不會隨著時代消失。自媒體無庸置疑是最精實的創業，但光懂沒有用，有成就的人都是屬於「懂＋做」的那群人。

　　我非常清楚看見未來幾年全世界將會流行「雲端員工」的概念，公司行號可能會漸漸從內雇轉為外包，而擁有個人品牌的專業人士會是被外包的優先指定。

　　另外一股力量來自員工本身的心態轉變，當越來越多身邊的朋友自行創業，擁抱雲端員工、多老闆、多收入來

源的機會，你會否因此動搖？所以你也應該知道「早來早卡位，晚來沒機會」，所以若你相信自己也相信趨勢，也許應該提前動身。

趁你還在職時，請改變對工作的看法，敬業之餘，也請觀察公司可以給你哪些資源，哪些可以累積，哪些可以帶走（合法的）。不但要掌握產業資訊，同時也要觸類旁通了解其他產業，發現機會所在，然後擬定作戰計畫，準備一步一腳印地長期抗戰，開始累積自有權資產。

我當然同意不是每個人都要創業，但在人生中，若能有一回「認真的創業」，它會讓你的人生更好，若真的要賭，我認為最安全的賭注就是「賭在自己身上」。就算你後來重回職場，能力和視野也會來到新的高度。總之「認真的創業」將對你的生命歷程大大加分。

何謂「賭在自己身上」？若要我定義，創業就是一段不停累積資產的過程，最安全的作法就是把這些資產累積在自己身上，你就是擁有權人。

在數位世界，我認為最安全的作法是「累積你的數位資產」，實體世界裡的資產也不會浪費，一樣可以把他們移到網路上。當我們在職場上為別人打拚的同時，你可以同時為自己打拚，盡可能「累積籌碼」，請參照下圖。

▌ 你的籌碼圖

網路勢力範圍

▌ 部落格
- 每日人氣
- 文章總篇數
- 文章品質
- 相關性
- 更新頻率 SEO
- 關鍵字排序

▌ Facebook
- 粉絲團人數
- 粉絲團互動率、留言數、分享數
- 好友人數
- 好友質量

▌ Youtube 頻道

▌ Email 名單

▌ 其他「可控媒體」曝光管道

▌ Google＋、Instagram 等其他 SNS

實體勢力範圍

- 實體知名度
- 實體影響力
- 網聚號召力
- 電視
- 廣播
- Line

從 0 開始的獲利模式
人人都可成為知名部落客、團購主、youtuber、直播客

　　為什麼要移到網路上累積資產？因為網路的特性讓我們可以更直接面對消費者，創業要成功必須有客戶，唯有網路可以讓你輕易累積客戶，而且隨時開始，甚至是你在職的時候。

　　若你有玩Facebook，其實你就已經在累積數位資產了，那就是你的「好友數」。如果有一天你宣布你的手工布丁超好吃，問誰要買，可能就會有幾個朋友會買，這就是一個「數位資產轉現金」的概念，而我們只是要把這現象盡可能放大。有五十個好友，和五百個好友，和五千個好友的「資產」是不同價值的，「累積數位資產」是我認為本世紀最重要的事，越快開始越好，但永遠不嫌遲。

第 5 章

將個人價值
做好做滿

從 0 開始的獲利模式
人人都可成為知名部落客、團購主、youtuber、直播客

本章我想將「行銷」的觀念掘深一點，不管你是從事內容或電子商務均適用。首先是萬變不離其宗的基本心法：AIDA & 行銷漏斗。

◆ **Attention**：被看見。如何取得消費者注意力，讓他們在眾多的資訊中看到你。
◆ **Interest**：感興趣。對你的產品產生興趣，想要了解更多。
◆ **Desire**：很想要。被你的介紹打中，激起購買欲。
◆ **Action**：有動作。完成了你指定的行為。

AIDA 就是在整段購買流程中，消費者的四個決策點（請參考第三章「從冷到熱」四階段）。看見廣告的人最後不會每個都買，這樣的流失過程就稱之為「行銷漏斗」（marketing funnel），是一種目標消費者自我篩選機制，讓企業主知道真正感興趣的 TA 是誰，有時會發現跟一開始設定的 TA 有很大的不同。

網路世代的行銷漏斗

很多的行銷公式或學說都脫離不了 AIDA 的大框架，

差別在是不是把它變得更複雜。我覺得在現今的網路世代，這公式甚至可以更簡單，你發現「感興趣」、「很想要」，只在一線之間，其實可合併成一個決策點，所以我把它簡化成「能見度」、「有興趣」、「轉換」三個階段，就比較簡單。

而我所定義的 Action 指的不一定是購買，也可以是註冊會員、下載 APP、寄回抽獎券等任何你想要消費者做的行為動作。

養大你的能見度

你掌握多少「可控的曝光管道」決定了你的能見度。若以數位行銷來說，很多「通路」都可以免費布建，例如部落格、Facebook、Instagram、Line@等，開個帳號慢慢經營，多與別人連結，把好友和會員的基本盤累積起來，在社群帳號上的每一次互動都把它視為「經驗值＋1」，讓該網站知道你有多投入，以保持帳號的活躍性。

社群網站（特別是FB）想要的是你多參與、多互動、多待久一點，最好是你把所有網路活動全集中於此，包括交友、看新聞、商業交流、分享生活點滴等。

把自己的帳號「養大」需要花時間和精力，但以行銷的角度來看，投入必定有回報，效益有增無減。養通路的同時，也要去follow其他意見領袖的帳號，多與他們互動，養兵千日，行銷在一時，想把能見度放大，勢必要靠別人幫忙。

網路意見領袖各自擁有自己的社群，具有一呼百諾的影響力，不管是主動接洽、直接付費合作，或是間接的被發現、被動的幫你宣傳，你若需要「遍地開花」，他們是最有效率的廣告方式。所以平常一定要有相當的「連結」，偶爾見縫插針地拉攏一下。必要的話，就付費吧！

用人情支付頂多一、兩次，想長久合作，還是要雙方能互惠。

刺激眼球，激發購買欲望

　　茫茫資訊海之中，眼睛對「聳動的標題」及「漂亮的圖像」的停留時間會久一點，請從這兩個要素開始規劃。標題是「外表」（請參考第一百七十二頁表格「聳動標題的原則及例句」），內文是「內在」。

　　一個人內在再豐富，若外表不吸引人，大家也不太關心你，順序是由外而內，千萬不要把消費者層次想得太高等，多數還是以貌取人。

　　所有「顯露在外」的全都要優化，包括商品名稱、文案、產品圖、包裝、model、廣告代表圖示、品牌logo、版面設計等，特別是網路購物，網友的耐心有限，第一眼被看到的樣子就要中！才有可能後續「看更多」。

　　一圖勝千字，組圖勝更多。在網路上，消費者看不見、摸不著，產品的價值只能靠圖文層層堆疊出來。好的文案除了自行發想，也可參考業界同行的作品。《文案大師教你精準勸敗術》一書中說到，「有些事情不該創新」，文案就是，因為市面上所看見的文案，有可能是廣

▌聳動標題的原則及例句

原則	例句
時事	iPhone 8規格及機型曝光／清明連假國道免收費時間縮短
人物	李嘉誠致富的五個祕訣／希拉蕊回來了！將競選紐約市長？
具體	請注意第七秒時他的反應／從月薪4千，他熬到年營收5億
強烈情緒	我驚呆了！／我淚崩了！
八卦	新垣結衣劣化變大嬸？日本鄉民崩潰中／味全員工爆料……
聳動	中國要開始挖泰國的運河，新加坡和美國將會完蛋了！
引人遐想	宅男女神性感濕身，完美身材誘惑十足
性暗示	不用威而剛！3妙招讓你更持久
強烈對比	電影裡的螢幕硬漢，私下竟如此軟趴趴
利益	連4降！明起汽柴油每公升降0.3元
恐懼	震驚！10種致癌食物名單，轉載一次救無數人！
切身相關	2018年最新星座分析出爐了，準到你哭
好奇	鹽酥雞好賺嗎？雞排王現身說法／美國6所大學搶著要這人
問句	為什麼美女總是生女兒？／當兵哪個單位最爽？
否定	不要買氣炸鍋的理由／跑百米甩肉？別傻了！
數字	10個你不得不買的理由／35歲前要有的33個夢想
排名	全球十大富豪竟然有他／超級英雄經典十大對戰場景

告主測試無數次後，所留下來的最棒文案，最能產生轉換的用字遣詞，那些廣告商花了大錢請最好的文案人員，腦力激盪後產生的最佳結果，身為同行的後進者，抓出精髓，斟酌修改，補上自家商品的關鍵字，又省錢、又省時，符合精實創業的精神。

版面設計、產品構圖也是一樣，若你的商品已出現在市面上，在製作素材之前，請多參考別人的作品，特別是那些市占率第一的領導品牌，事到如今，他們對外呈現的文案圖像理應已經過優化再優化，發揮出最大轉換率，而我們只要跟隨就好。

這不是抄襲，這叫科學，我們以他們的為底，發展我們自己的圖文素材資料庫，並嘗試做得更好。

當我們做得更好時，同樣會有後進者來跟我們「致敬」，這便是商場上永無法避免的同業參考現象，也是讓你更快速進入市場的策略之一。

美好的未來讓人有購買欲

不管是電視亂轉台或網頁上亂瀏覽，「購物」本身就是可看性極高的內容，但為何有些廣告讓人不感興趣，有些則是越看越生火，到底差異在哪裡？

從 0 開始的獲利模式

人人都可成為知名部落客、團購主、youtuber、直播客

　　排除「目標客戶」這個因素，我認為「獨特賣點」（USP, Unique Selling Point）和「表述方式」是其中兩個最大差別。

　　基本上，產品在出生時，獨特賣點就該設定好。假設我們找出三個與眾不同的點後，專心針對這三個點來主打，表述的時候無須講太多規格面的東西，只要針對獨特賣點強調這三個賣點對消費者的好處、持續強化商品對他們的功效、用了以後會如何變得更好等重點。行銷人必須了解：「人們買的不是產品，他們買的是更好的自己。」

　　賣球鞋的不會把重點放在材質或顏色，而會去強調運動者的個性和超越感；賣汽車的不會先講馬力或扭力多少，而會去描述「幸福滿載」、「把家帶著走」。多數消費者買東西是先感性才理性，他們只關心自己的好處，而非商品規格。

　　網路上流傳一張行銷概念圖，內容的主角是電玩遊戲中的超級瑪利歐。如果超級瑪利歐是潛在消費者，你的商品則是火球花。

　　若你想賣商品給消費者，你要做的不是列出「花」的特性，而是應該去形容「吐火球」有多威！吃了花以後可以通殺綠龜、紅龜、刺龜、雲龜、鐵鎚龜，全身紅通通甚至可以幹掉魔王！

　　總之，你把「吐火球」這件事形容得越威，消費者越想去吃花。這也是為什麼在刮鬍刀廣告中，男主角刷完鬍子後，總會有穿著睡衣的美女靠近，或是喝了提神飲料，馬上頭腦清晰、變得生龍活虎，活力十足。

　　行銷人知道好的廣告是要勾出人心中的想像，要讓消費者清楚知道這東西解決他們什麼問題，如何讓他們的生活更好。

　　談規格是理性，講功效是感性，對多數的消費者而言，他們根本沒心力去研究規格，只要在感性面打中一個人性的點，該商品就有可能暢銷，結論是先動之以情，再誘之以利，就會增加消費者的購買欲望。

「心動」成「行動」的轉生術

　　當消費者心裡想買，就真的會買嗎？當然不一定。我們看過很多「行銷很成功但卻失敗」的案例，例如Segway電動代步車、TiVo數位錄放影機以及Google＋，行銷做得無所不在，使用者反應也不壞，但企業表現未如預期，沒人買、沒人用，在「轉換」這一關卡彈。

　　如果消費者都已經來到漏斗的下層，僅差一步就能完成購買行為，那我們該如何將他們推坑下去呢？

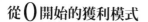

從 0 開始的獲利模式
人人都可成為知名部落客、團購主、youtuber、直播客

　　我們必須配合另一個公式來看，這是由行為心理學家
B.J.Fogg所建立的行為模式（Behavior Model），他稱之
「人類行為之萬用公式」，公式如下：

$$B = M + A + T$$
（行為＝動機＋能力＋觸發物）

　　我們把「行為」視為行銷漏斗的「轉換」，也就是我
們要消費者做的動作，是下單、註冊會員、下載APP、來
店賞車、參加週年慶活動等明確而具體的動作。行為要發
生，必須讓「動機」、「能力」、「觸發物」同時存在，只
要缺一，該行為就不會發生。

　　了解這個公式的定義後，我們來解釋為什麼「看到廣
告」（有觸發物）「很想購買」（動機很強）卻沒有轉換，
多半時候是因為「能力」不足，例如這產品太貴，所以縱
使很喜歡，也知道哪裡可以買到，但最終還是買不下手。

　　想買未買還有另一個原因，是「動機」不足，例如以
Segway的例子來說，除了價錢昂貴，用電動車代步這件
事會改變人的習慣，騎著它到底要走人行道還是機車道？
路人會怎麼看我？是否要停車格？會不會被偷、被亂踩？
騎出去有電，回來沒電怎辦？諸多疑慮都會降低消費者動

機，從原本的「很想買」，經過考量後變得「還好，讓別人先買吧」！

　　這裡有一個重點，就是「動機」是浮動的，忽高忽低不可靠，例如當我看到「肥胖導致三高」的新聞報導，我減肥的動機會升高，但五分鐘後，同事丟了一個美食部落格的文章給我看，說「中午我們去吃這家吧」，頓時減肥的動機又降低了，這告訴我們能力比動機可控制，什麼意思呢？我們以下圖來看：

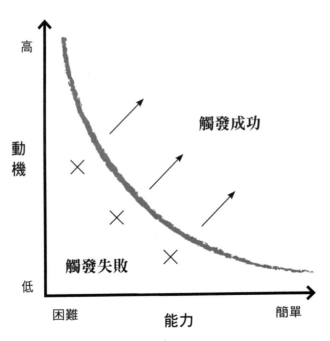

（引用自B.J.Fogg的Behavior Model）

　　彎曲的這條線是「門檻線」，若觸發物落在線的右邊，該行為會發生，落在左邊，則行為不會發生。假設我們設定的行為是「減肥」，縱使我們的動機很大，但我們心中的認知是「減肥好難」，要抗拒各種美食，不能吃油炸、不能吃宵夜、不能喝珍奶，還要多運動，養成早睡早起的習慣，自認能力方面做不到，所以遲遲沒有減肥（行為觸發失敗）。

　　那麼要如何促使減肥這項行為發生呢？我們要降低能力，減輕這項行為的負擔。如果有個產品號稱只要「輕鬆減肥」、「坐著就能減肥」，例如我有個搖擺舞動板，人站在上面就能左右擺動，幫助肌肉運動，一邊看電視、一邊站在上面就能運動；又或是瘦身產品或飲料，每天只要喝一瓶就能油切或燃脂。因為這些行為對消費者來說很簡單就能做到（能力低），所以就算減肥動機不那麼高，購買行為還是有可能被觸發。

以BMAT啟動消費者行為

　　套用以上的公式，若廠商希望的購買行為沒有發生，消費者被廣告吸引後並沒有完成轉換，那第一個要改善的是「能力」。

為何消費者做這件事太難？原因可能是價錢貴、付費麻煩、流程太複雜、太耗時，而消費者覺得能力不足，這也解釋了為何只要商品一降價，業績就會增加，因為消費者有能力負擔，於是做出購買的行為。

接下來我把BMAT公式套用在網路購物，B就是「明確訂出行為」，例如線上下單，M就是「提高動機」，如何用圖文影音的呈現讓消費者很想買，A就是「如何讓他們覺得不費吹灰之力就能買到」，最後T就是「在適當的時間地點讓他們看見廣告」。

> B－你要消費者做的行為是什麼
>
> M－如何讓他們很想要、很想要
>
> A－如何讓他們更容易做到
>
> T－在適當時間、地點讓他們看見廣告

◆ B定義行為：我要他們做什麼

明確、具體的行為，例如線上下單、下載APP、線上填表留資料、來店用餐、打電話預約等，有了明確的行為，你才能針對性的進行下一步。

◆ M提升動機：如何讓他們很想要、很想要

等同行銷漏斗裡的「引發興趣」，針對獨特賣點來發揮，如專業清楚的產品照；經過測試的有效文案；大量真誠的使用者見證；同級商品比較大PK；高品質的導覽影片等。

◆ A簡化難度：如何讓他們更容易做到（最重要）

購買時不用填一大堆會員資料、付款方式更多元、把QR CODE印在可見處、提供客服電話、更友善的手機介面，以及提供使用教學或初訪導覽。另外，若能利用圖文或常見問答降低他們的疑慮，也算是一種簡化難度。

◆ T提供觸發：在適當的時間和地點

最常見就是迎合節慶，提供應景的活動訊息，另外也可搭時事，以軟性幽默的方式置入。觸發的頻率不一定越高越好，像是每天用電子報轟炸就不是高招，而是了解觀眾的需求，勾起好奇心，並給他們明確的指示，你要他們做什麼。

用九倍優勢贏得市占先機

人的購買行為有時很難改變，習慣去菜市場買菜的婦女，很難轉移到線上購買；習慣用iphone的人，很難改用HTC手機，如果事實真是這樣，產業的後進者不就沒希望了嗎？你也知道不是的，因為企業比的是「進步的速度」，而不是誰先進入市場（特許市場除外）。只要新創企業進步的速度比較快，產品比較好，還是非常有機會推翻前浪，但好一點點沒有用，究竟要「多好」才有機會引人注意，打破他們原有習慣，轉向投入你的懷抱？在《鉤癮效應》一書提到新創公司必須好上「九倍」才有機會，但他沒說的是……如何好上九倍呢？

我的解法是，找九個（或以上）的面向，然後每個面向都比市面上的商品好一點點，九個面向都好一點點，總結起來就會好上九倍。

至於哪九個面向，不同產業和商品應該自己設定，無法均一適用，以下我提供幾個面向給大家參考。

故事和理念

事實上，很多創業家是有理念和願景的，所以就算你

沒有，你也不得不瞎掰一個出來，否則若你說創業只是為了賺錢，跟那些胸懷大志的同業一比你就輸了，而且說真的，故事是比較吸引人的，很多時候，一個品牌就是一個故事，像連載小說那樣地永續發展。故事若能和消費者產生某部分的情感連結，對品牌的印象就會加分，例如 lativ 初期的「Made in Taiwan」「給台灣成衣商一個機會」的感性訴求，蘋果的「Think Different」理念和一系列「mac vs pc」的 PK 影片，Google 的「no evil」理念，當你認同他們的理念，距離購買就進了一步。

規格和功效

新創企業通常會覺得我們的東西「比較好」，就是因為規格或功效比較好，然後把它當成主要差異點，但我覺得這只是基本，若你的產品比較爛，那你還拿出來幹嘛，本來就是越新的東西規格越好啊，哪有越來越舊、越沒效的，所以你若要強打這點，你不能只是抱持「比較好」的心態參賽，你要擁有的正確定位是「最好的」、「no.1」、「別人都只能爭第二，因為第一名就是我」的商品，例如堅固耐用、不怕風吹雨淋、連鯊魚都無法咬破的行李箱，或是獨家科技、吸力永不減弱的吸塵器。

競品比較和 Before & After

當我們不知道新產品定位時，用 PK 比較圖表最容易
一目了然，把自己的商品強項拿出來跟別人的弱項比，
每一欄都是「勝」「勝」「勝」，這樣就能引人注目，或是
拿出一些實驗數據，證明能「省下30％的電費」、「增加
50％的髮量」、「降低80％的體脂肪」這類「before」和
「after」的比較，人對數據和圖表有種迷思，就是他們看
到就信服，不太會去追究裡面的真偽，現在最流行的是資
訊圖表（infographics）也可多加利用，用來增加信任度
和權威性很好用。

使用者見證和得獎證明

使用者見證是很強大的說服工具，他跳脫了老王賣瓜
的自捧，既然好用，那就多用啊，一個人拿一片西瓜說好
吃，和6×6三十六人啃西瓜的照片牆相比，後者當然更
具說服力，自己說自己多好沒用，要別人來說自己好才有
用，縱使別人也可能是「自己人」。見證人的身分也很重
要，我們必須讓他多元化、權威化，不能老是「網友最
愛」、「部落客激推」，如果能上上電視，或專業人員穿著

白袍背書，越牽扯到領域專業的商品越需要專家背書。此外，檢驗報告或得獎證明也是一種見證，米其林的證書贏過一堆藝人代言不是嗎？

新手上路

　　很多新品必須提供詳細的教學導覽，以方便使用者上手，商品本身的新奇度或話題性，和教學影片的製作品質同等重要，看看募資網站就知道，一部好的產品／教學影片，有著化腐朽為神奇的力量，看起來神奇，拿到手腐朽，但創業家的第一筆生意已達成。簡單說，這一面向比的是「誰能最快讓消費者進入狀況」，如果是網站，那吸睛的點是什麼，如果是實體店面，客人走進來，你的最佳反應該如何？一開始做得太多太猛不見得好，反而是你一點一點秀出來，客戶才會一步步上鉤，越簡單的引導流程，藏有越困難的布局學問。

視覺和設計

　　範圍包括所有能看到的一切！小至名片設計、大至辦公室裝潢，我們都是視覺動物，好的美術設計絕對可以大

大加分，你賣的東西越貴，你所呈現出來的視覺就要越有質感，但這不代表你若賣廉價的商品，就可以不在乎美感，錯，因為消費者喜歡的就是物超所值，如果今天你的餐廳百萬裝潢、富麗堂皇，而賣的是甜不辣、麵線等便宜小吃，我能保證你生意一定好，因為消費者喜歡這樣的「價差感」，會讚嘆你CP值超高，術語稱之「平價奢華」，反言之，若你賣的是中高價位的商品，你對外的呈現就得費心打造。舉例來說，各家化妝品內含的成分也許大同小異，但裝化妝品的「瓶器」可能就是勝負所在，再好的商品內容，沒有夠好的視覺呈現也是白搭，更別妄想要賣得比別人貴。

作品

　　你聽過有個牌子叫「GoPro」嗎？只要你連上他們官網就有看不完的影片，來自世界各地的使用者，上傳各式各樣的刺激冒險，上山下海，飛天遁地，唯一的共通點是全部用GoPro相機所拍攝的，當消費者一再被大量的作品轟炸，你覺得他們會不想買一個來試試嗎？同樣的「作品行銷」也在Lego、鑄鐵鍋或快時尚服飾可看見，當然還有不得不提的IKEA，他們的賣場就是最大的「作品

集」。像瑪利歐吃花吐火球一樣，先展示結果，讓他們看見你商品的潛力，就自然會被洗腦。在行銷界有句話說：「不要問消費者要什麼，直接做出來給他看」。

距離感

越「親近」客戶的越容易成交，生理和心理都是，人說見面三分情，高明的業務員只要給他與客戶面對面的機會，成交機率一定大增。廠商可把商品直接擺在客戶面前，盡一切努力讓他們隨手可得，親自體驗，就像 Apple 直營店一樣給客戶玩，縱使他們知道這人目前買不起，但一旦他買得起，他就會來此圓夢。賣家具、汽車、自助餐也都把產品放置客戶前，讓他們體驗，生理的距離感是零，切記，越近，越好。

共鳴

銷售的過程中，和消費者拉近距離是必要的，把你的品牌和客戶連結以取得認同感，若生理上無法靠近，那麼嘗試在心理上接近也行，有沒有什麼捷徑可以快速建立情感連結呢？有，嘗試引起「共鳴」，假設你的 TA（客

群）是35歲以上的人，你可以結合一些「復古元素」，例如王傑、小虎隊的歌曲，或是當年最流行的社會現象，藉由「共同的回憶」來親近你的消費者，你還可以找出「共同的經驗」，例如育兒、當兵，或是「共同的政治立場」，一起為了某政黨走上街頭，為民發聲。鎖定你的目標客戶，分析他們的消費面貌，然後嘗試找出「共同的○○」，讓他們覺得你是他們一夥的，在心理層面上，你們就拉近距離了。

知識

提到內容行銷，很多電商業者覺得是「繞路」，想賣東西就直接賣東西不就好了，還浪費時間做什麼內容行銷，花那時間去發想、找梗、創造，還要給編輯薪水增加人事和時間成本。其實這樣的說法並沒有錯，假如你的商品本身就非常突出，沒什麼競爭者，你進入市場的時間又早，基本上你可以不甩內容行銷的，但如果你是新創企業，進來市場比別人晚，或處於一個非常競爭的產業，例如手機配件、美妝保養品，你該如何突圍而出呢？最安全的做法是「教學」，因為內容可引導銷售，最常見的就是教學文（how-to），網路上最常搜尋的句型就是「如

何○○○」，如果你是賣果汁機的，除了包圍「果汁機推薦」、「果汁機比較」這些關鍵字之外，當網友搜尋「如何自製精力湯」、「如何在家做玉米濃湯」時，最好也能看到你的教學文，然後置入你的商品在其中。如果你是賣運動鞋的，那麼足部保健、運動養生、馬拉松、溯溪相關的教學，也等你去好好發揮。

我們不如從消費者端思考這件事，當網友逛到一個感興趣的商品時，他們會看這賣家是誰？如果是知名大網站就沒問題，如果是一個前所未聞的網站，他們可能會有安全上的疑慮而不買，因為購買行為是建立在信任的基礎上，那麼在網路上我們相信誰呢？答案是「大品牌」「朋友」和「專家」。新創企業絕不是大品牌，所以只剩「朋友」和「專家」，如果網友只會向這兩種角色掏錢，你要不就成為朋友，要不就成為專家，成為朋友靠的是上述的「縮短距離」，那麼成為專家呢？當然就是藉由無償分享有價知識，來盡可能滿足大家的問題及需求，成為這領域的意見領袖。英文有句話說：「content builds relationships. Relationships are built on trust. Trust drives revenue.」

我從不認為內容行銷是「繞路」，反而是一種信任關係的建立，商業氣息不明顯，才能從商業競爭中殺出，有

人說「最厲害的行銷，是你不知道被行銷了」，分享知識是一個起點，從這起點上你可以更容易發展出商業行為，選擇是你的，但有選擇比沒選擇來得好，如果你的商品毫無競爭力，你又毫無領域知識可以分享，那我真的不知道你有什麼其他選擇。

附加價值

　　發現沒，我從頭到尾都沒提「價錢比別人便宜」這個因素，因為如果你的「好」是基於比較「便宜」，那等哪天你不便宜了，就直接崩壞了，所以「比較便宜」「降價」根本不該被考慮，企業不該追求價格上的優勢，特別是新創企業，我們該努力的方向是創造價值，把市場做大，而不是殺價殺死一票人，只注重眼前的零和手段。

　　但如果「價錢」不能動，但價值可以操作啊？白話一點說，你可以操作「附加價值」（added value），也就是「買A送B」，如果A的價錢不能變動，那就動B啊！我常看汽車廣告說買車送你去日本四天三夜，或是知名品牌水波爐，或是買一本價值350元的書，就送價值3,500元的水晶項鍊，這些就是利用附加價值來提升商品本身價值。再來，附加價值的最高段也非「價格戰」，不是送

車、送鑽石這些有價商品，而是無法衡量的服務或體驗，例如買 A 就讓你跟林志玲用餐，或是舉著奧林匹克聖火跑一段路，若能把 B 的價格也模糊掉，但人人都想要，就更能提升 A 的價值。

以上是我建議的九個面向；「什麼，我講了十一個！」，那你就任選九個來用吧！當你每個面向都努力嘗試比別人好一點點，綜合起來你就比別人好九倍了。

當然，沒有人規定只能九倍，你可以想十八個面向，比別人好十八倍！總結來說，商品的每個面向都要不斷優化，創新和驚喜就會出現，然而到了最後你只能跟自己比，嘗試超越自己。

網站成長的五環節

企業在站穩腳步後，就要開始追求成長，流行術語「成長駭客」就是把這基本概念重新包裝上市，常見的公式簡稱「AARRR」，把這過程分成五個環節。

A – Acquisition（會員取得）

A – Activation（產品啟用）

R – Retention（會員留存）

R – Revenue（營收貢獻）

R – Referral（轉介分享）

　　我簡略的講一下這五個部分。以新創事業來講，一開始的重點是求生存，加上並沒很多數據可以分析測試，所以「成長駭客」先放在心裡，要成長沒錯，但不必當什麼駭客去深入研究，先專心「累積資產」比較重要。

會員取得（Acquisition）

　　除了靠內容自然成長外，想要快速擴張就得買廣告，以網路事業來說，取得會員的成本有以下三種計費方式：

CPM – Cost per thousand impression，每千次曝光。

CPC – Cost per click，每次點擊計費。

CPA – Cost per action，這裡的action是「完成○○動作」，依產業不同而有很多變化，例如每次下載（cost per install）；每位潛在客戶資料（cost per lead），留下資料或Email名單；每位註冊會員（cost per member），例信用卡開卡、健身房下訂金、或跑完所有流程，正式成為某網站會員。

從0開始的獲利模式

人人都可成為知名部落客、團購主、youtuber、直播客

　　會員取得的成本並不是「越低越好」，我們該追求的是會員品質，而那是以他的終身價值（Lifetime Value）來衡量。二〇〇六年我在EmailCash網站任職時，為了快速衝會員數與很多論壇合作，站長們利用「加入EmailCash會員就送論壇代幣（可以去下載『有料』的）」的招數，讓我們的網站會員瞬間爆量，每天以數千名成長，我的CPA成本雖固定控制在台幣二十元，以一天增加一千到兩千名會員來算，一個月的行銷費就噴了超過百萬，但我們發現在這五萬名會員中，幾乎隔天就流失了一大半，一年後更是慘不忍睹。三年後，只剩下個位數的會員是因這波行銷所來，這類的行銷方式完全是「亂槍打鳥」，加入誘因「醉翁之意不在酒」，會員「品質」低、屬性不符，不是因喜愛我們加入，而是喜愛別人才加入的，導致行銷預算的浪費。

　　以廣告來說，關鍵字或達人推薦而來的流量品質就會比較好，因為比較「準」，縱使他們的取得成本比較高。打個比方，假設你的行銷預算是十萬，你給每位路人五十元來加入，跟你投廣告在目標客戶群，前者換來兩千名會員，後者可能只有兩百名，但一天、一個月、一年之後再來比較這數據，很可能後者帶來的兩百人留存率比較高，所以縱使一開始CPA成本較高，但一旦考慮到會員品

質、轉換率、流失率及客戶終身價值，其實還比較划算。

　　投放廣告方面，大家最重視ROI，我認為祕訣在於「眼光」＋「速度」，去掌握「先進者優勢」，第一批Yahoo關鍵字的客戶、第一批Google Adwords的客戶、第一批經營FB粉絲團的人，ROI是最好的，他們用最少的錢換得了最大的成效，誰能先搭上新興媒體的崛起，就有較大的機會獲得高報酬。

　　新創的網站需要收入，廣告比較好談，甚至可以談到CPA的計費方式（對廣告主最能精打細算），等到媒體做大變強勢，不但價格上漲，配合度也超硬，例如很多老牌的主題式論壇或知名部落客。

　　當一個新「媒體」出現，廣告主是否有眼光察覺並把握，以目前的數位行銷來說，Google Adwords已是基本配置，加上Youtube和影片行銷，FB廣告投放是當下顯學，眾多的「網紅」等著你去發掘，二〇一六年是「直播元年」，你是否能搭上這趨勢。此外，Line、Instagram、和行動板廣告也是行銷人的新戰場，每個媒體都有可乘之處，創業家須以產品屬性來做最適合的布局。

產品啟用（Activation）

新進員工上班的第一天，好的公司會發放員工手冊，告訴他一些須知，辦理一些到職手續，廁所在哪裡，午餐在哪吃等的「到職導引」，為的是方便他快速融入環境，給他好的第一印象，讓他對此感到親切自在，然後開始「工作」。這個階段英文稱之「onboarding」，也是成長駭客的術語之一，形容「新訪客初來乍到」到「實際使用產品」的過程銜接。

用手機下載app的例子來說，當我們看到FB的遊戲廣告，按下去來到下載頁面，這一段是若註冊流程設計的好，使用者應該會立刻啟用；以網站來說就是完成註冊會員流程，用簡訊或Email驗證；以實體店家來說，就是客人看到廣告上門後，在店內的首次感覺和互動。

以網站來說，首頁是最好的「新手導引」，用動畫或影片的介紹產品，會比單純的文字說明來得友善專業；以手遊來說，會有一段遊戲規則的教學；onboarding的重點在於「銜接」和「轉換」，所以要做得越順暢越好。

會員留存（Retention）

要做到使用者不只用過，而且還要常用。我一再鼓吹會員留存（member retention）的重要性大於一切，無論任何產業、公司、品牌、產品、網站、app等，只要設法讓使用者一來再來，你的事業就會一路向上。也就是說，我們可把所有商業理論、行銷法則、產業術語甚至未來趨勢簡化到極致，最後只剩下四個字：「把人留住」，我們就盡全力做好這一件事就夠了。

營收貢獻（Revenue）

白話的說，如何讓會員「買更多、買更貴、買更頻繁」，在這之上，你還可以把「月費、年費」套進去。也就是說，使用者要先付一筆費用給你，才可以跟你買東西？虛擬世界有Amazon Prime做到了，實體世界也有Costco做到了，只要品牌強、商品競爭力夠，使用者不介意被你剝兩層皮。

轉介分享（Referral）

人有分享的本能，當他們發現好東西，一定會忍不住跟好朋友分享，這是一種自然現象，我認為分享的重點在於「真心喜歡」，如果不喜歡，那企業利用再方便的工具，施予再多的小惠，使用者也叫不動。

我們拿最簡單的分享工具「Facebook」為例，一篇夠好的產品、文章、觀點、漫畫，你不要提供什麼禮物，網友自然就會分享了。相反的，你請網友分享你的產品即可參加抽獎，一旦獎品太小或活動結束，網友根本不甩你。

兩大「極端」建議

以上是國內外「成長駭客」各環節的定義，我覺得忘記術語比較好，企業本來就是要追求成長，自古至今都一樣，倒不如我在此提出兩個「極端」的建議。

把整個流程「複雜化」

為何要分 AARRR 這五個環節，為何不是五十個？若用一句話形容成長駭客的定義，那就是「消費者買單流

程的各環節優化」。既然如此,請打破這五個點,不要去
「歸類」行為,你就直接把所有過程中會遇到的問題全攤
開,一個一個去檢視,檢視得越細越好,從頭到尾,從陌
生開發到售後服務的整段過程,列下可能會遇到的所有問
題,越多越具體越好,然後一一提出解決方案,一一去優
化。包括但不限於以下:

◆ 網站(或實體店面)的介面、動線、視覺呈現如何更
好。

◆ 各樣產品的形容如何更好,照片更動人、文案更生
火、信任度更強。

◆ 廣告素材如何更吸睛,能否做更多測試,找出最有效
的圖文組合。

◆ 廣告投放如何更精準,消費者輪廓更鮮明,挖掘更多
會員資料。

◆ Google, Facebook, 部落客廣告的成功案例分析及學習

◆ 如何降低訪客疑慮,降低動作門檻,誘使產生第一次
消費。

◆ 金物流、外包裝、內包裝、溫馨小卡片的使用者體驗

◆ 成交後的售後服務,疑難排解,滿意度調查。

◆ 易於分享的機制,如何讓分享者及接受者都有好處
(例:Airbnb介紹金)。

◆ 不定時的會員好康，回娘家活動，以及贈送客戶小孩
　的生日神祕好禮。

　　你若有心，處處可優化，想到什麼點就記下來，看到
同業或異業的好點子，也可拿來做些變化後應用，人說
「模仿一個叫模仿，模仿一百個成風格」，在一百個小細
節上做得比別人好，加總起來對客戶來說就等於百倍奉
還。如果你覺得這樣太複雜，無法專心做好每一樣，沒關
係，那我們做比較簡單的建議二：只要做一件事。

文章的 AARRR 和 SOP

「各環節優化」的概念也可以用在創作上，若我們寫一篇文章會經過以下步驟：

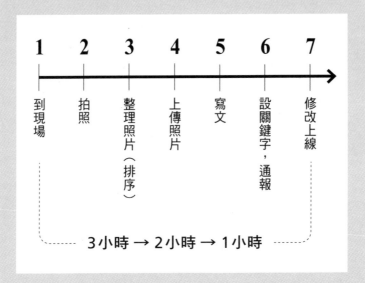

把一篇文章生成的環節抓出來，然後一個一個去優化，包括縮短時間、加強該方面的專業、找出最有效率的做法，盡可能將創作時間縮短，因為「時間」就是金錢。一個業餘的創作者可能要花三小時完成一個作品，但經過創作流程各階段的優化

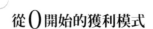
改善，專業的創作者只要一個小時，同樣的時間，三倍的量（＝資產）。

「到現場」是否可省略？請廠商將產品寄來你家（省下交通時間）。「拍照」是否可少拍幾張？假設同一道菜你拍了十張，但只會用一張，那你要檢視十張，再刪掉九張，這中間的過程就是一種時間浪費。

你如何有效率的「整理照片」？有什麼軟體可輔助嗎？專業部落客（或其他類創作家）的工作流程是什麼，你有去請教過嗎？「上傳照片」的速度和工具可否更好，「寫文」時有無書面或網頁參考，以便加快速度和提升正確性，不用待在那回想，確定有常手動或自動儲存吧。假設是廣告文，是否有跟廠商要了關鍵字，撰寫方向和重點是他們要的，不然一旦寫錯方向，又必須大幅修改甚至砍掉重練，重新再來一輪，超級浪費時間。

另外一個加速創作的方式是建立SOP，每個領域不同，我們以美食為例：

▍建立SOP（以美食為例）

1. 正門×1
2. 停車場×1
3. 室內外裝潢×1〜2
4. 座位區×1
5. 菜單×1〜3
6. 廚房×1
7. 菜色A×1
8. 菜色B×1
9. 菜色C×1
10. 飲料甜點×1
11. 總結心得×1
12. 基本資料
13. ？

11〜15張照片
每照片平均30字＝450〜500字

　　若你從沒寫過食記，以上的SOP就能讓你快速進入狀況，正門拍一張、停車場拍一張……，照著做就好。當然，這也許是「新手上路」才需要的，因為老手的SOP早就內化在心中了。

　　我建議大家在創作初期，可以針對不同領域和題材建立一套自己的SOP，能有助提升生產效能，藉此漸漸上手來寫出節奏。

把整個流程「簡單化」

就四個字:「把人留住」,英文就是Retention。且讓我們專心把這件事做好,一切足矣。Retention絕不僅字面上的留存而已,因為只要會員留下來,他就或多或少能帶進新會員,滿足Acquisition,因為「會員帶會員」(member get member)的品質最好,Activation的部分也不用擔心,再來,一個忠誠的會員也自然會貢獻營收,創造revenue,再基於真愛而分享出去,持續的Referral,所以一旦做好member retention,其他的都自然會發生。

「留存」是唯一的王道,也是品牌應該注入最多心力的學問。做好留存,必然成長。有哪些方法或策略可以「把人留住」呢?以下是我的七點建議:

◆ 適度的溝通

想像你去一家餐廳吃飯,吃完結了帳就走,另一家餐廳在你一進門,老闆就來找你寒暄問暖,還稱讚你今天的打扮,哪間餐廳會讓你有印象?會員加入以後不理他,就等同陌生人一樣,所以適時且適當的溝通是必要的,但千萬不要每天亂發EDM或LINE去騷擾他,最好是讓客戶在註冊的時候自行選擇溝通方式,例如Email、電話或簡

訊，然後以他偏好的方式傳遞訊息，給會員的內容要確實符合適宜的人事時地物，因為每次的溝通經驗都會影響客戶的去留，內容撰寫要非常的謹慎，除了Email和簡訊，FB粉絲團以及Line @也是很好的Retention工具。溝通時除了三節的問候，主要還是希望他有明確的動作，call to action，無論是促銷搶購、分享貼文或續繳年費，都要給他們清楚的指示，當然也別忘了要不斷提醒他們當初加入會員的初衷。

◆ 增進會員的參與和價值感

　　沒有人喜歡呆坐在一旁，除了被動的接受訊息外，會員流失的原因之一是缺乏主動參與感，人對於失去興趣的人事物會轉移得很快，所以我們必須定期舉辦活動來讓會員參加。這些活動最好經過深思熟慮的企劃，讓會員感覺到參與活動的價值和意義，對他本人、企業、甚至社會都做出了一定的貢獻，你的會員若真正對企業的成長有所付出，一定要給他們適當的回報，當會員發現每次付出都有相對的成長和收穫，他們就會更積極的參與，形成良性循環。「群眾智慧」、「會員專屬活動」的重點是讓會員感受跟企業一起成長，當企業戰勝了一道難關或有什麼好消息，要多歸功給會員的支持，如果是什麼壞消息，也要讓

會員知道，我們不會倒下，會一同持續奮鬥！把這種同甘共苦的氛圍營造出來，會員就成為企業的一部分了。

◆ 打造會員社群

　　緊接著，就是致力打造社群的時候，經過調查研究顯示，如果你可以保留一位會員超過一年以上，此會員的貢獻度會大幅提升，所以除了 onboarding 的引導，適度的溝通，確保他們參與活動外，「社群」才是 Retention 的祕密武器，而社群的祕方是什麼？我稱之「情感的羈絆」，特別是此社群中會員彼此之間的情感連結，會羈絆著他們留存於此處。想想 Google ＋的例子，以技術和介面簡潔度來說，他們是優於 Facebook 的，但為什麼沒有人想過去，因為我的朋友都在 FB 啊，我被羈絆住了。所以社群的祕訣不在於產品或硬體，而是會員和其他會員的關係，越緊密越錯綜複雜，則會員越離不開，這些「情感線」要重建很困難，跟蜘蛛絲一樣很難斬斷，因此寧願繼續被綁住。

　　Retention 的第一步，請專注於會員的首年度使用體驗，如果他們進來後有「社群歸屬感」，便能輕易達成這一點，成為離不開的一份子，企業品牌需在此盡最大努力，因為你的產品、服務、文案、素材、甚至理念都可以

被同業偷走，唯有「社群」他們是偷不走的。

◆ 會員分級制度與客製化廣告

　　透過會員提供的資料和他們過去參與的活動，你可以更了解並拉近你和會員的關係，藉由居住地、職稱、嗜好、買過的商品，甚至是參加過（你設計的）心理小測驗，都可以讓你更了解該會員屬性，這些個資（user profile）不必在一開始註冊就強求，「朕不給的，你不能要」，事實上初期也不需要，藉著活動及事件的設計，再一步步完成即可。因為每個會員加入的目的、感興趣的議題和偏好的溝通方式都不同，當我們把會員分類後，除了識別方便，也能「對症下藥」的個別對話，讓他們感受到客製化的體驗。企業可不定期找個名目來做市調，收集及更新會員資料，找出更精準的會員需求，再依需求來設計出適合該會員的商品，增加銷售轉換率，同時也博得會員好感（他小孩生日收到你寄給他的電子賀卡）。

　　你一定聽過80／20法則，也許這比例不一定正確，但大致上「少數會員帶來多數貢獻」應該不會錯，最愛你的人投入最多時間和金錢，請善待這些VIP，他們一人抵十人，除了大金主，也會是最好的業務行銷人員。

　　就算你有再好的產品，某些會員還是免不了會流失，

當他們決定不續會費、不再下單、或不想再訪時,你還是可以擠出他們最後一點貢獻,那就是透過簡單的問卷來記錄會員離去的原因,試著解決這些問題,就可以降低未來的會員流失率。為了把流失率降到最低,我們要對於那些「存在,但不活躍」的會員心存懷疑,他們也許是下一位離開的人,我們可以先下手為強,主動釋出一些誘因,例如回娘家專屬優惠、獨家體驗、商品折價券、「好久沒聽到你消息,你可知道我們現在有個專門為你設定的○○專案」都是不錯的選擇,拉攏他們回到我們社群裡。

◆ 產品研發及測試

投入更多在產品研發,持續推出好產品,價格合理且有強大市場支持度的產品或服務,不但可有效確保你的競爭力,也可以讓會員更緊跟著你。Line創辦人森川亮說:「對公司而言,最重要的就是『不斷推出熱門商品』。」商業的本質只有一個:「持續提供使用者真正想要的產品。」

但我們怎麼知道產品會不會中呢?那就得需要不斷地測試市場反應,每個產品在市場上都有其生命週期,你必須確切掌握此產品目前在生命週期的哪個階段,就可有相對應的策略,當一個產品過了高峰期,就得準備下一個商

品的問世。當你推出一個新產品時,需要用一些促銷手段來增加產品的曝光度(如免費試用品),這時「既有會員」就是你最好的第一批測試員,你可以根據他們反應來做調整,再進行大規模的行銷,將新品上市的風險和成本降到最低,而且因為你已經了解他們的 user profile,就更有可能準確判斷「使用者真正想要的」。

　　會員對於公司的新品一定也會感興趣,此舉同時增加參與感,產生情感羈絆,就像一家餐廳有了新菜色,老闆最信任、也最省錢的「試吃員」就是熟悉的老客戶,這些熟客也會掏心掏肺地為你設想,如何能讓新菜更好吃、更有賣點,當你聽了建言而改善,未來這道菜色成功的機率就更高,所以這絕對是雙贏,也會讓這些熟客鐵了心的愛你。

◆ 遊戲化

　　你最近玩的一款遊戲是什麼呢?你明知道這是浪費時間,但為何你會想一再的玩呢?「遊戲化」涉獵包括心理學、行為經濟學、社會學、UX 設計、行銷學及統計學,泛指把令人著迷的遊戲元素應用在非遊戲的情境中,包括企業經營、產品行銷、人事管理、教育、政治、公益活動等。「遊戲化」的概念算是漸進式的成就感,應用在會

員留存上根本是絕配，我常說Facebook就是一個遊戲，你按一個讚，就好比在遊戲中經驗值＋1，當你的經驗值一直往上加，你投資在此的時間會得到即時反饋（Instant feedback），別人也會來你的貼文上＋1，好友數或粉絲數越來越多，而你就繼續沉迷於這個遊戲。

便利商店的集點活動也是遊戲化，連鎖茶飲的蓋滿十格送一杯也是，遊戲化不一定是改頭換面的採用最新技術，也可以是簡單的配套，目的是讓使用者繼續留下來，由於主題太大，本書暫不深入討論。

◆ 找到對的客戶群

我媽是住遠雄蓋的房子，每當遠雄推出新建案，他們會邀請遠雄住戶去賞屋，包遊覽車從台灣頭到台灣尾，完全免費招待，像是社區鄰居遠足一樣的賞屋團，這些既有會員等同於潛在客戶，一車四十人只要有一人下「紅單」，遠雄這趟的行銷就回本了。所謂好的開始是成功的一半，選擇對的客戶群可以說是留住會員的第一步，理想中的客戶會是一群對你的未來願景表示認同，或可以從中獲益者（無論是哪方面的獲益），若你從一開始就滿足了客戶需求，則可說是從一開始就在為Retention下了功夫。這些初期就和你產品「看對眼」的會員，融入社群

快，參與度高，若能適當的溝通，提供VIP特權，則將成為你品牌的親衛隊。

　　以上七點是如何做好Retention的建議，「會員忠誠度」是支撐你事業成功的關鍵，缺少會員的支持，你的事業無法茁壯。也許多數的企業會投注較多的資源在開發新客戶上，但內行人一定知道留住舊客戶才是更重要的工作，也是最大的獲益來源。

　　電子商務在台灣已是兆元產業，但成長幅度仍然快速，而且看起來不會停滯，畢竟把實體零售全搬到網路上還需要一點時間，有心從事電商的朋友進來還不算太遲。

掌握會員的最佳工具

　　根據內容行銷專家Joe Pulizzi指出，擁有會員Email名單還是最好的維繫工具，再來是實體書籍，相反的，FB粉絲、Youtube訂閱者對於會員的掌握度是最低的，若我們資源有限，應該盡力取得並善用Email名單。

▋ 網友「連結」掌握度

* Email訂閱戶
* 實體書讀者
* LinkedIn關係網
* Twitter訂閱戶
* iTunes訂閱戶
* Medium／Tumblr／Instagram
  ／Pinterest訂閱戶
* YouTube訂閱戶
* FB粉絲

高 ↑

↓ 低

（摘自：Joe Pulizzi, 2016）

三位一體的十年大計

問題：「你打算幾歲退休？」

從小到大的認知裡，「退休」的定義就是「不再工作」，但隨著年紀增長進了社會，做網路賺了錢，我發現工作挺好玩的啊！為何要追求不再工作？我不禁對「退休」產生質疑，人若能在工作時得到快樂，為什麼要切斷這個快樂來源呢？

然後更多的問題開始冒出來：「何時該退休？」「為何普遍認為是六十歲？」「是什麼條件才構成退休？」「退休之後要幹嘛？」「是否每份工作都需要退休？」

這麼多年下來，世界急速變化，我認為「退休」已經是種老舊思維了，當越來越多人從辦公室移轉到遠距工作，「工作」和「生活」的界線變得越來越模糊，導致退休也不再有清楚的界線。如果這樣的時代的變遷不可避免，我們就該盡早因應，從今開始調整工作和職涯策略，迎接全新的時代。

在「傳統」的人生發展中，多數人是依照「求學 →

工作 → 退休」發展。三個幾乎獨立的人生階段，每個階段有大概的年齡範圍，但我認為這樣的「三分法」已然是落伍的觀念，不適用於未來的世代，甚至現代。

▌傳統觀念

6～22歲　　　　　23～60歲　　　　　60～80歲

　　我認為應該忘掉舊有的三分法，而將它們融入於生活中，求學時也可工作，工作時也可「體驗退休」。學習則是要從小到大，活到老學到老，沒有終止的一天，會比較像「學習＋工作＋退休」三位一體的人生發展。

▌新世代觀念

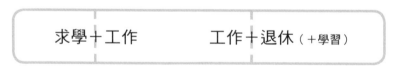

　　如果，未來人生的階段是這樣，我們現在該如何因應，該如何準備，生涯規劃上會有怎樣的改變呢？

　　首先，學習是一輩子的，現在教育體制內能給我們

的，已無法應付社會生存技能，這不是學校的錯，而是因為數位世界的變化太快，使「課程設計者」跟不上，當然會和社會脫節。

在未來，工作與學習一定是緊緊相依、不可分離。現階段有很多工讀計畫，就是讓學生開始接觸現實的職場環境，從學術面慢慢融合到實務面。

美國人的做法相當絕，矽谷創投教父Peter Thiel 甚至提供獎金鼓勵輟學，完全是一種「反獎學金」的獎學金。他並不是唯一「學歷無用論」的意見領袖，台灣也許還不能接受這種風氣，但結論就是「職場學習」＞「學校求學」，學歷會持續貶值，未來十年會貶到何處、教育會如何變化、證書的意義是什麼，它真能代表學習成功嗎？我認為至少一點可以確定，「學習」在人生的長河裡，它就是水，融之其中，不可能被獨立出來，既然如此，我們大可把「工作」的時間提早。

「工作」的定義對我而言是「對社會有付出」，外國孩子十二歲就幫鄰居割草賺外快，這並不是因為家裡窮苦需要賺錢，而是因為「工作上的學習」。學習有很多層面，學術知識僅是其一，還有社會經驗、人際關係、策略規劃、情緒管理、金錢觀、謀生技能上的磨練等。學習必須變得更多元，更快融入社會，因為在校學習未來用不

到的技能只是浪費時間，直接出來學習實務的技能，對社會、家長和孩子本身才是最好的。

　　工作不但要提早，還要延後，很多人到了六十歲其實還可以工作，只是被迫退休，因為法令規定或社會競爭力不足（停止學習了），但網路的出現產生了很多可「永續工作」的新行業，例如在網路上創作、從粉絲經濟得益，工作的年齡再也沒有限制，想做就做，當作終生的志業來做，對身心都有益。你一定聽過很多人一旦退下來，就開啟漫無目標的生活模式，每天就只是在家看政論節目，無所事事地加速老化。

　　工作要提早又延長，難道我在提倡「超時工作」，鼓勵工作狂？當然不是，而且相反，我人生最重要的原則就是「工作不是生命的全部」。

　　美國專欄小說家Anna Quindlen說：「Don't ever confuse the two, your life and your work. The second is only part of the first.」在亞洲，我們常常搞混，特別是男人，以為工作、賺錢、養家就是生活的全部，認為超時工作、努力賺錢、按時把錢拿回家就是盡責了，而社會媒體、周遭鄰居也比較鼓勵這樣的文化。封面上的企業大老闆和專業上有所成就的知名人物變成了民間偶像，大家都傾向與他看齊，而工作是通往目標的唯一道路，所以努力

衝衝衝，無視身邊一切風景。

　　若你問我：「為何我要離開錢多、事少、離家近的舒適圈？」

　　因為我已覺悟人生不是只有工作賺錢，人類自古以來，是受到三大激勵因子而驅動：金錢、自由和意義。多數人誤以為這是有順序的，所以趁年輕多賺錢，成功以後可以達成財務自由、做些公益換點意義，但事實上，它們也是三位一體的，在工作上、生活上，我們可以同時達成三樣並存的狀況。

　　我相信不只我一個，「有小孩」讓工作方式產生顯著的變化，特別是女性。我真心覺得「在家上班」是最佳選項，這當然不是指「打電話做直銷」之類的工作，而是藉由網路賣廣告、賣文字等方式貼補家用，有些甚至可能賺得比老公還多。

　　在台灣，「主婦類」的部落客最受歡迎，流量高的媽媽部落客可以「全身是案」，包括親子用品、美食、烹飪、旅遊、家電等案子，若長得不錯還可接美妝、穿搭，若小孩也長得不錯，戲路更廣，拍廣告和商業影片的大有人在。在家陪伴小孩的同時還可以賺錢，這真是一份夢幻的工作，只是想乘涼，現在就得開始栽，如果想要生小孩後能金援不斷，也許兩、三年前就得開始準備。

　　對於男人來說，尤其是我們六、七年級這一代，據說平均壽命是一百歲，假設我們六十歲退休，還有四十年要生活，有可能不工作嗎？但體力下滑，不可能做粗活；也許專注力下滑（包括老花眼），也不適合作高度腦力或精神的精密性工作（例如寫程式、開刀），我們的優勢在於「經驗」，各方面的經驗，包括工作、人生、家庭、旅遊、社會、靈修等，我想最適合的工作莫過於寫作，將優勢發揮出來，傳承智慧之餘增加自身收入，這樣的工作不但不需要退休，也可持續學習永保青春活力，充分的享受生命。

手把手帶你從零開始

　　創業無疑是辛苦的，特別是一開始，但熬得過來就是你的。我希望各位看完本書後能真正去行動，動用一些小錢，先投資自己做一個網站，以此網站當作你的事業核心，並開始產出內容，吸引並累積鐵粉。

　　每一位鐵粉都是潛在客戶，善待他們，當數字來到「變現門檻」，勇敢嘗試不同的收入方式。發展個人品牌是一個過程，在穩中求快，從上班族投入個人工作者的轉變對某些人來說，是非常巨大的動盪，但請享受這個過程

對人生帶來的改變，「創業」雖不一定成功，但人生肯定會比較精彩。

讓我們來回顧步驟如下：

1. 想一個網站／部落格／個人品牌的名稱，並註冊自己的網址，自己的空間，創作自己的內容。切記，所有權一定要在自己手上。

2. 開始創作！立志當個作家，將之成為你的終生事業。因為「作家」是我認為最好的工作，唯有作家才可以將生活和工作無縫接軌，豐富的生活就是你寫作的素材，而寫作賺到的錢又可以讓你享受人生，這樣的良性循環才是CP值最高的人生。「寫作」這行不易被取代，亦可活到老寫到老。

3. 每篇文章都是你的資產、你的機會，和你吸引粉絲的入口，重點不是你寫的內容，而是你如何讓讀者愛上你，成為無法取代的收視選擇。

4. 嘗試寫出不同的企劃，擁有代表作、「創舉」，引起病毒式分享，擴大收視群。

5. 每日不重複人數超過1,000人之後，可以嘗試開墾多元收入，先從簡單的開始練習，再慢慢挑戰難關。此為你的第一道檢查點，下個目標日流10,000人。

6. 當日流或鐵粉數來到10,000人次，達到「變現門檻」，

可嘗試將粉絲變現，例如舉辦講座、團購商品、直接銷售等多元收入。

7. 當收入趨向足夠且穩定，為加速事業成長，可聘請員工幫忙，可選擇做深（個人品牌收入模式）或做廣（企業化走向）。

8. 持續學習，邊工作、邊退休的享受人生吧！

我的十年大計

最後，我想再次提醒大家我自己正在進行的，所謂的「生涯規劃」，也非常歡迎各位參考或模仿，這個計畫如下：

◆ 目標

「十年後，我想每年只要出一本書，就可以淨賺兩百萬。」（年收入兩百萬，整年工作就是出一本書）。

◆ 做法

往回推十年到現在，我必須每一年累積一千名「鐵粉」，十年就共一萬名，這一萬名鐵粉無論我出什麼書都會力挺，假設每本利潤兩百元，一萬名鐵粉買單就有兩百

萬。因為網路可做舊客戶管理，並可抹除中間人，讓我直接銷售給鐵粉，獲取最大的利潤。

◆ 執行步驟

把寫部落格當成通往作家的捷徑，過程中頻繁產出好文章（或其他形式的內容創作），分享我的專業和人生觀，藉由網路的便利性和數位工具培養我和讀者（潛在客戶）之間的感情。

用心經營個十年，越來越多的讀者會和我產生情感的糾結而跟著我，穩固踏實地經營我自己的個人品牌經濟。

◆ 目前進度

第四年，鐵粉超過四千位。

我正在按部就班地執行，不但進度超前，而且最重要的，我寫的內容和這些努力全不會白費，全部都是我的數位資產，就算真的無法變現，它也是會留給我後代最好的禮物，這場人生的賭局，穩贏不輸！

新商業周刊叢書 **BW0642**

從 0 開始的獲利模式

人人都可成為知名部落客、團購主、youtuber、直播客

作　　　者／于為暢
特 約 編 輯／江真
責 任 編 輯／張曉蕊
校　　　對／呂淑真
版　　　權／黃淑敏、翁靜如
行 銷 業 務／何學文、莊英傑、張倚禎

總　編　輯／陳美靜
總　經　理／彭之琬
發　行　人／何飛鵬
法 律 顧 問／台英國際商務法律事務所
出　　　版／商周出版
　　　　　　台北市中山區民生東路二段141號9樓
　　　　　　電話：(02) 2500-7008　　傳真：(02) 2500-7759
　　　　　　E-mail：bwp.service@cite.com.tw
發　　　行／英屬蓋曼群島商家庭傳媒股份有限公司　城邦分公司
　　　　　　台北市中山區民生東路二段141號2樓
　　　　　　電話：(02) 2500-0888　　傳真：(02) 2500-1938
　　　　　　讀者服務專線：0800-020-299　　24小時傳真服務：(02) 2517-0999
　　　　　　讀者服務信箱：service@readingclub.com.tw
　　　　　　劃撥帳號：19833503
　　　　　　戶名：英屬蓋曼群島商家庭傳媒股份有限公司　城邦分公司
香港發行所／城邦（香港）出版集團有限公司
　　　　　　香港灣仔駱克道193號東超商業中心1樓
　　　　　　電話：(852) 2508-6231　　傳真：(852) 2578-9337
　　　　　　E-mail：hkcite@biznetvigator.com
馬新發行所／城邦（馬新）出版集團
　　　　　　Cite (M) Sdn Bhd
　　　　　　41, Jalan Radin Anum, Bandar Baru Sri Petaling,
　　　　　　57000 Kuala Lumpur, Malaysia.
　　　　　　電話：(603) 9057-8822　　傳真：(603) 9057-6622
　　　　　　E-mail：cite@cite.com.my

封 面 設 計／黃聖文
內文設計排版／黃淑華
印　　　刷／韋懋實業有限公司
總　經　銷／聯合發行股份有限公司
　　　　　　電話：(02) 2917-8022　　傳真：(02) 2911-0053
　　　　　　地址：新北市231新店區寶橋路235巷6弄6號2樓

■ 2017年（民106）8月初版
■ 2022年（民111）5月初版3.6刷

ISBN 978-986-477-287-2

Printed in Taiwan
城邦讀書花園
www.cite.com.tw

國家圖書館出版品預行編目（CIP）資料

從0開始的獲利模式：人人都可成為知名部落
客、團購主、youtuber、直播客／于為暢著.
— 初版. — 臺北市：商周出版：家庭傳媒城邦
分公司發行, 民106.08
　　面；　　公分 —

ISBN 978-986-477-287-2（平裝）

1.網路行銷　2.網路社群

496　　　　　　　　　　　　106012214